ROBIN WALL KIMMERER

DIE EHRENHAFTE ERNTE

aufbau

ROBIN WALL KIMMERER

DIE EHRENHAFTE ERNTE

Aus dem Amerikanischen von

ELSBETH RANKE

illustriert von

HANNA ZECKAU

und mit einem Vorwort von

MITHU SANYAL

aufbau

LIEBE DIE LEBENDIGE WELT WIE DICH SELBST

Woran denken wir, wenn wir an Umweltschutz denken?

a) An Verzicht (auf Flugreisen und Fleisch) und Einschränkungen?

b) An die Queen of Porn und eine Professorin, die Berge und Flüsse heiraten und – nach dem Motto: talk dirty to plants – Liebe mit der Erde machen?

Das ist kein Test, Mehrfachnennungen sind möglich, und alle Antworten sind richtig. Aber ich gehe davon aus, dass die meisten zu Antwort a) tendieren und damit im Grunde dazu, dass auch im Zeichen von Krisen *alles genauso weitergeht wie bisher,* nur irgendwie weniger.

Ich weiß, wovon ich rede. Ich komme aus den 1980er Jahren. Das heißt nicht, dass ich eine Zeitreisende wäre, sondern dass ich mit Smog und saurem Regen politisiert worden bin, mit Tschernobyl und Waldsterben. Nicht umsonst wurden wir die No-Future-Generation genannt. Umweltschutz fühlte sich an wie ein Blick in den Abgrund: Schaut, was ihr angerichtet habt! Wenn ihr nicht sofort aufhört, werdet ihr alle sterben. Hauptsächlich habe ich die 80er damit verbracht, mich schuldig zu fühlen.

Zum Glück ist das heute alles anders.

Wenn das ein Post im Internet wäre, müsste hier jetzt ein Zwinker-Smiley stehen, um anzuzeigen, dass es Ironie war. Das nennt sich Poe's Law und die Definition kommt gleich. Doch erst einmal – apropos Internet – ein paar Memes: Wer erinnert sich noch an #NatureIsHealing zu Beginn des ersten Corona-Jahres? An die Bilder von Delphinen, die in die Kanäle Venedigs zurückkehrten, und Ziegen, die die britischen Innenstädte eroberten? Mit Kommentaren wie »Endlich hat die Natur eine Chance zu heilen, während alle im Lockdown sind« und »Menschen sind das Virus der Welt« und »Vielleicht wäre es besser für die Natur, wenn wir alle sterben«.

Spätestens als die Dinosaurier nach New York und riesige gelbe Quietscheentchen in die Themse zurückkehrten, wurde klar, dass das ein Fall von Poe's Law war. (Nur die Ziegen hatten die walisische Stadt Llandudno wirklich unsicher gemacht, auf Wales ist Verlass!). Und hier endlich die versprochene Definition des nach Herrn Poe benannten Gesetzes: Wenn man etwas Ironisches im Internet postet, muss man es mit einem Smiley/Ironie Alert/was auch immer kennzeichnen, weil sich ansonsten immer Menschen finden, die es ernst nehmen. In diesem Fall Millionen von ihnen. Kluge Menschen teilten die Memes, kritische Menschen, Menschen, die ansonsten ihre Fakten dreimal checken – und vor allem ein großer Teil meiner Freunde und Freundinnen. Weil #NatureIsHealing so perfekt in das vertraute Narrativ »Wir versus den Rest der belebten Welt« passt.

Let me tell you a story:

Als Robin Wall Kimmerer den Studierenden in ihrer Ökologie-Vorlesung einen Fragebogen gab, auf dem diese die Interaktion zwischen Menschen und Umwelt bewerten sollten, erklärten alle der 200 Anwesenden, dass Menschen schädlich für die Umwelt sind, dass wir sie zerstören, ausbeuten, den Klimawandel verursachen, Äcker vergiften, Wasser verschmutzen ... wir kennen die Liste. Weiter unten sollten sie eintragen, welche positiven Interaktionen sie zwischen Mensch und Natur kannten. Die Antwort lautete: keine.

Kimmerer war entsetzt, dass die Studierenden sich noch nicht einmal *vorstellen* konnten, wie eine positive Interaktion aussehen könnte. Und das von jungen Menschen, die sich für dieses

Studium entschieden hatten, weil sie die Umwelt retten wollten! Wie sollen sie das bewerkstelligen, wenn sie überhaupt kein Konzept davon haben, wie sie mit der belebten Welt positiv und auf Augenhöhe kommunizieren können?

Wir alle wachsen mit dem Narrativ auf, dass Menschen getrennt sind: voneinander und von der Welt um sie herum. Individuen auf einem Felsbrocken mit Atmosphäre, der durch das Universum rast. Wenn wir uns jedoch als getrennt von der Natur wahrnehmen, können wir nicht in bedeutungsvoller Form mit ihr interagieren. Stattdessen versuchen wir sie zu *retten*. Das ist zwar besser, als sie uns, wie es der Gott des Alten Testaments befiehlt, Untertan zu machen. Doch es basiert ebenfalls – wenn auch unter umgekehrten Vorzeichen – auf der Vorstellung, dass die Natur passiv und stumm ist. Und wir im Umkehrschluss ihr Herr und Meister (manchmal frage ich mich, was die Natur die Jahrtausende gemacht hat, bevor es Menschen gab). Der Gedanke, dass wir schädlich sind, und, wenn wir uns sehr, sehr zusammenreißen, ein wenig weniger schädlich sein können, erinnert nicht von ungefähr an den Katholizismus meiner Kindheit: Wir sündigen alle ständig, doch wenn wir uns am Riemen reißen, uns so richtig bemühen, können wir es schaffen, ein wenig weniger zu sündigen.

An dieser Stelle möchte ich mich bei all denen entschuldigen, die genau aus diesem Antrieb heraus wichtige Arbeit leisten. Ich möchte diese Arbeit nicht gering schätzen. Ganz im Gegenteil! Ich bin extrem beeindruckt davon, gerade weil die Das-Ende-ist-nahe-Rhetorik mich nicht animiert. »We can do it« ist für mich motivierend. »Wir können, wenn wir die Zähne zusammenbeißen und alles geben, nicht durchgehend eine Katastrophe sein« eher ... nicht so sehr. Aber vor allem ist es nicht nachhaltig. »Sich zusammenzureißen« ist eine begrenzte Ressource.

Es ist schlicht nicht möglich, dies auf unbestimmte Zeit zu tun. Und wenn diese Herkules-Arbeit noch nicht einmal ein Gamechanger ist – sondern die Sache nur graduell weniger schrecklich macht –, warum dann der ganze Aufwand? Als Antwort darauf wird gerne die Dringlichkeit gesteigert, die Höllenqual der Klimakrise noch plastischer ausgeschmückt. In der Folge haben alle noch mehr Angst, respektive ein schlechtes Gewissen, und mit jeder Runde dreht sich das Karussell schneller: *Wir werden bald sterben, sehr bald, morgen, heute ... gestern* – bis ein großer Teil das Interesse verliert und die meisten anderen Depressionen bekommen.

Das war Umweltschutz für mich, bevor ich Robin Wall Kimmerer entdeckte. Es ist kein Zufall, dass ich ihre Arbeit nicht an der Uni oder bei einem akademischen Symposium kennenlernte, sondern durch die Künstler*in Eroca Nicols. Wir nahmen zusammen an einer 30-stündigen

immersiven Performance teil und Erocas Beitrag war ein Naturedrag. Drag wie in Dragqueen oder Dragking – nur dass man sich hier nicht körperlich, sinnlich, empathisch einem anderen Geschlecht annäherte, sondern der Natur. Und während ich mich unter Anleitung von Eroca über den Boden rollte und mir vorstellte, Erde zu sein, happy, happy Dreck zu sein, erzählte Eroca von Robin Wall Kimmerer und ich konnte meinem Gehirn dabei zusehen, wie es sich neu strukturierte.

Robin Wall Kimmerer ist Pflanzenökologin, Professorin für Umweltwissenschaften und Direktorin des Center for Native Peoples and the Environment am College of Environmental Science and Forestry der State University of New York. Und sie ist First Nation American, sie gehört zu den Citizen Potawatomi. In ihrer Arbeit verbindet sie indigenes Wissen und akademische Wissenschaft. Und dafür musste sie zuallererst einmal eine verdammte Menge an Übersetzungsarbeit leisten. Denn die Vorstellung, dass die Welt nicht nur belebt und beseelt, sondern Pflanzen und Tiere, Flüsse und Berge aufs Engste mit uns verwandt sind, erweckt noch immer den Verdacht des esoterischen Eskapismus – dass wir die Bedrohung durch die Klimakrise runterspielen, so als müssten wir bloß ein bisschen mehr mit den Wiesen kuscheln (dabei, Spoiler Alert, könnten wir alle – und damit meine ich wirklich *alle* Lebewesen – eine Menge mehr Zärtlichkeit vertragen). Als Kimmerer anfing zu studieren, fragte ihr Professor sie während des Erstgesprächs, warum sie sich für Biologie entschieden hätte. Ihre Antwort: Sie wolle herausfinden, warum Astern und Goldruten so schön zusammen aussehen. Das wäre beinahe schon das Ende ihres Studiums gewesen. Schönheit war etwas für die Kunst und die Geisteswissenschaften, aber nicht für *echte* Wissenschaft. Wie sich aber herausstellte, hat Schönheit eine Menge mit Natur und Wissenschaft zu tun. So haben Bienen eine andere Farbwahrnehmung als Menschen, doch Gelb und Violett nehmen sie genauso wahr wie wir – und finden diese Kombination ebenso wie wir schön. Deshalb werden Astern, die in der Nähe von Goldruten wachsen – und umgekehrt – deutlich häufiger bestäubt.

Ich stelle mir Robin Wall Kimmerer in den 1970er Jahren an der Universität vor. Ihren ernsten Blick, ihre langen dunklen Haare. Wie musste es sich für sie angefühlt haben, eine der wenigen Frauen in den Naturwissenschaften zu sein? Wie musste es sich für sie erst angefühlt haben, eine der noch viel wenigeren indigenen Frauen zu sein? Was hat es mit ihr gemacht, dass alle Bücher, sämtliche meist männliche Professor:innen in ihren Vorlesungen und auch ihre Mitstudierenden ihr mitteilten, dass ihre Weltsicht unwissenschaftlich und wertlos war? Und dann höre ich mir die Vorträge an, die sie heute hält, lausche dieser Stimme wie Milch und Honig, und frage mich, wie sie es geschafft hat, trotz allem ihre Wärme und Zugewandtheit zu bewahren. Denn das ist der Kern ihrer Lehre: Wir müssen eine konsensuelle Beziehung mit der belebten Welt um uns herum eingehen. Wir müssen uns nicht Arme und Beine abschneiden, sondern uns gegenseitig dabei unterstützen, zu wachsen und zu gedeihen. Nebenbei gesagt, ist das die Definition der Philosophin bell hooks für: Lieben.

Ein altes Wort für Lieben ist: sich erkennen. Das Problem ist, dass das durchschnittliche Kind die Namen von mehr als 100 Firmenlogos kennt, aber nur von 10 Pflanzen. Und Menschen können nur *er*kennen, was sie bereits kennen! Wenn wir den Namen eines Baums nicht kennen, sehen wir ihn im wahrsten Sinne des Wortes nicht. Der Fachbegriff dafür lautet: plant blindness. Je weniger Worte wir für die belebte Welt um uns herum haben, desto weniger nehmen wir sie wahr und desto weniger Wertschätzung bringen wir ihr entgegen.

Während ich dieses Vorwort schreibe, strauchelt Deutschland unter dem PISA-Schock. Ich will jetzt hier nicht alles aufzählen, was wir falsch und andere Länder besser machen, aber doch vielleicht einen Fun-Fact teilen: In Schweden kommen Kinder erst mit 7 Jahren in die Schule und verbringen die verlängerte Kindergartenzeit zu einem großen Teil in den schwedischen Wäldern, wo sie anhand von Blättern und Ästchen die Namen der belebten Welt lernen, ebenso wie Zählen und Grundrechenarten: Bring mir drei Bucheckern, und jetzt sieben Eichenblätter, dann habe ich ... Wie wunderbar wäre es, wenn alle Kinder bis zum achten Lebensjahr auch in Deutschland in den Waldkindergarten gehen könnten. Und für die älteren Kids, denen diese Bildung fehlt: einfach ein Extra-Jahr, in dem sie ein Nehmen von der und das Zurückgeben an die Natur lernen können. Aus demselben Grund plädieren die Performancekünstlerinnen und Sexökologinnen Annie Sprinkle und Beth Stephens – das Porno/Professorinnen-Duo aus der Eingangsfrage – dafür, das Paradigma zu ändern: »From Earth as mother to Earth as lover!« Also: Lasst uns aufhören, von der Natur nur Versorgung und Ressourcen einzufordern; gehen wir eine reziproke Beziehung mit ihr ein! In ihren Workshops unterrichten Sprinkle und Stephens Praktiken des Protests, aber auch, wie man Bäume nach ihrer Zustimmung fragt, bevor man sie umarmt. Das hörte sich alles ziemlich hippiesk an – bis man einmal einen Workshop bei den beiden gemacht hat, dann gibt es nichts Naheliegenderes auf der Welt … oh und bis die Corona-Krise einsetzte und sogar die isländische Regierung ihrer Bevölkerung riet: »Umarmen Sie einen Baum.«

Also tat ich genau das: Ich ging in den Volksgarten in Düsseldorf und umarmte Bäume. Und es gab wenig Heilsameres gegen das Gefühl, dass der öffentliche Raum einem plötzlich feindlich gegenüberstand. Es half, dass der Volksgarten Anfang 2020 einer der wenigen Orte war, die nicht von einem rot-weißen Polizeiband abgesperrt waren. Eine halbe Stunde im Park war eine halbe Stunde geistiger und emotionaler Gesundheit. Tatsächlich entstand der Volksgarten 1893 ganz konkret aus dem Grund, Gesundheit zu stiften. Weil die Arbeiter:innen, die in den Stahlwerken in Düsseldorf-Oberbilk malochten, wie die Fliegen starben, entschied die Stadt – nein nicht eine funktionierende Kanalisation oder mehr Wohnraum, sondern –, einen Park zu schaffen. Damit erhöhte sie auf einen Schlag die Lebenserwartung der Oberbilker:innen. Die Luftverschmutzung und die Arbeitsbedingungen waren zwar noch immer dramatisch, aber allein die Tatsache, dass Menschen die Möglichkeit hatten, Bäume und Blumen zu berühren und sich auf eine Wiese zu setzen, machte einen riesigen Unterschied. Okay, später wurde auch noch eine Brauseanstalt eingerichtet und noch später ein Krankenhaus, aber die Möglichkeit, mit der Natur in Kontakt zu sein, ist ein Wert, den wir trotz Shinrin-yoku in unsere Überlegungen zu geistiger und körperlicher Gesundheit bisher viel zu wenig einbezogen haben.

Denn auch wenn die Vorstellung, dass wir aufs Intimste miteinander verbunden sind, unserer kompletten Weltsicht widerspricht, ist diese Verbindung doch da. Die älteste Pflanze, die in einer menschlichen Siedlung gefunden wurde, ist 23.000 Jahre alt. Es ist eine Blume, die ein bisschen so aussieht wie ein kleines gelbes Gänseblümchen. Man kann sie nicht essen, sie hat keine medizinische Funktion, und trotzdem gab es am See Genezareth unendlich viele davon. Warum? Wahrscheinlich, weil die Menschen sie mochten. Blumen machen etwas mit unserer Psyche, aber auch mit unserem Immunsystem. Menschen, die in Stadtteilen mit wenig Natur leben, entwickeln verstärkt Herz-Kreislauf-Probleme, die gar nicht auf Umweltverschmutzung zurückzuführen sind (deren negative Effekte kommen noch einmal drauf).

Parks und Nachbarschaftsgärten sind nicht nur wertvoll für die Gesundheit, sie reduzieren zum Beispiel auch Kriminalität (bei aller Kontroverse um den Görli in Berlin), und zwar deutlich effektiver als Überwachungskameras. Allerdings nur unter einer Bedingung: dass sie nicht von unüberwindbaren Zäunen begrenzt sind. Dann neigen Menschen dazu, ihren Müll über den Zaun auf die Grünflächen zu werfen – wahrscheinlich als Reaktion darauf, dass sie sich ausgeschlossen fühlen. Und das gilt nicht nur für urbane Brennpunkte, sondern auch für globale. So war die Wohltätigkeitsorganisation Lemon Tree, die Gärten in Geflüchtetenlagern anlegt, überrascht, dass sich die Menschen, obwohl sie dringend Essen brauchten, dafür entschieden, genauso viele Blumen wie Gemüse anzupflanzen. Wir lieben die Natur nicht nur, weil sie uns nutzt, sondern weil sie ein Teil von uns ist.

Es ist inzwischen belegt, dass Menschen, die diese Bindung ausleben, seltener Depressionen bekommen, weil sie sich in der Welt geborgen fühlen. So zitiert die klinische Psychiaterin Sue Stuart-Smith in ihrem Buch »The Well Gardened Mind« u. a. Studien, die zeigen, dass die Zeit, die Menschen im Krankenhaus zur Rekonvaleszenz brauchen, deutlich kürzer ist, wenn sie aus ihrem

Fenster auf einen Baum schauen können, als wenn dort andere Klinikgebäude zu sehen sind.

Nature is good for you!

Ein Beispiel dafür, wie auch wir gut zur Natur sein und die Verbindung mit ihr vertiefen können, ist Robin Wall Kimmerers titelgebende ehrenhafte Ernte, die uns Demut und Dankbarkeit für die Geschenke der Natur lehrt – und eben, dass auch wir der Natur etwas zu geben haben. Um die Wirkungsprinzipien der ehrenhaften Ernte wissenschaftlich zu überprüfen, machte Kimmerer an ihrer Uni ein Experiment mit Süßgras, das in Amerika vom Aussterben bedroht ist. *Süßgras! Vom Aussterben bedroht!* Neben meinem Bett (und neben meinem Laptop und überall sonst in meiner Wohnung) hängen Mariengraszöpfe – so nannte meine Oma Süßgras, auch wenn sie es lieber in Wodka steckte, um ihn zu aromatisieren – als Schutz vor ... eigentlich allem. Meine polnische Oma liebt Mariengras genauso wie Robin Wall Kimmerer. Das ist eine weitere Erkenntnis, die ich der Lektüre von Kimmerers Schriften verdanke: Um eine tiefe Verbinung zu Gras, Erde und Tieren zu haben, muss man nicht zu den First Nations, der originären Bevölkerung gehören.

Zurück zum Experiment: Kimmerers Doktorandin steckte auf einer Wiese mit Süßgras drei Versuchsparzellen ab. Die eine ließ sie komplett in Ruhe, was in etwa unserer Vorstellung von Umweltschutz (Englisch: conservation) entspricht:

Hände weg! Eine Parzelle beerntete sie, indem sie die Halme vorsichtig abschnitt, allerdings nur die Hälfte der Halme. Und auf der letzten Parzelle riss sie das Gras, wie die Frauen der Potawatomi das traditionell machten, einfach mit den Wurzeln aus dem Boden – ebenfalls nur die Hälfte der Halme. Die größte Herausforderung für die Doktorandin war, für die Dankbarkeit gegenüber der Gabe des Süßgrases einen Ausdruck zu finden, doch über die Monate stellte sich bei ihr ein sehr persönliches Verhältnis zu dem Gras ein – auch wenn sie sich immer noch nicht überwinden konnte, ihm Lieder vorzusingen.

Am Ende des Beobachtungszeitraums von zwei Jahren war auf der Parzelle, die in Ruhe gelassen worden war, das Süßgras mit toten Halmen durchsetzt, während es auf den Parzellen, die beerntet worden waren, gedieh und sich vermehrte. Und zwar am meisten dort, wo sie die Gräser ausgerissen hatte. (Achtung, das funktioniert nur mit Süßgras!) Warum steht das nicht auf den Titelseiten all unserer Zeitungen? »Gras fordert Rechte ein«, »#theytoo«.

Wir teilen uns die Welt mit so vielen Lebewesen. Umweltschutz kann nicht nur bedeuten, sie nicht zu unterdrücken und auszubeuten, sondern mit ihnen eine egalitäre Beziehung einzugehen. Deshalb war es ein solcher Erfolg, als es Aktivist:innen 2017 gelang, dass der Whanganui River in Neuseeland als Rechtsperson anerkannt wurde: das Ziel eines 140 Jahre langen Kampfes. »Wir haben diesen Ansatz gewählt, weil wir den Fluss als unseren Vorfahren betrachten und das schon immer getan haben«, erklärt Gerrard Albert, der Verhandlungsführer der Whanganui iwi. Die Meldung geisterte als Kuriosum durch die Medien, als etwas, was die Maori halt so tun, aber mit uns herzlich wenig zu tun hat. Dabei setzen sich weltweit Menschen für Persönlichkeitsrechte für Flüsse, Seen, Berge, Moore etc. ein. So wurde zeitgleich mit dem Whanganui in Neuseeland die Yamuna und der Ganges in Indien als »living entities« anerkannt, allerdings stellte der indische Supreme Court diese Entscheidung ein paar Monate später wieder infrage, schließlich wäre es dadurch möglich, die Rechte der Flüsse gegenüber den industriellen Unternehmen einzuklagen, die sie verschmutzen. Eine gelebte Verwandtschaft mit der Natur hat natürlich Überschneidungen mit der klassischen Prävention – das heißt, auch sie schützt die Natur vor Giften etc. –, doch darüber hinaus geht es Kimmerer und anderen darum, eine wahrhaft bedeutsame Beziehung zu mehr als menschlichen Entitäten einzugehen. Denn, so erklärt Robin Wall Kimmerer: »Es ist nicht die Umwelt, die zerstört ist. Es ist unser Verhältnis zu der Umwelt das zerstört ist.«

Auch bei Kimmerers Form des Umweltschutzes – oder sollten wir es *nature love* nennen? –

werden wir bestimmte Dinge in Zukunft weniger tun, doch dafür gewinnen wir so viel dazu. Unter anderem unseren Platz in der Demokratie der Arten, eine wechselseitige, dankbare und freudige Beziehung zu unserer belebten Erde, vom wilden Lauch bis zum Reh im Wald. Menschen sind nicht die Parasiten des Planeten. Wir haben etwas zurückzugeben, doch dafür brauchen wir Zugang zu Wissen und Praktiken, wie das umgesetzt und gestaltet werden kann. Robin Wall Kimmerer eröffnet uns diesen Zugang.

Mithu Sanyal, 16. Dezember 2023

DAS GESCHENK DER ERDBEEREN

Einmal hörte ich, wie sich Evon Peter – ein Angehöriger der Gwich'in, Vater, Ehemann, Umweltaktivist und Häuptling von Arctic Village, einem kleinen Dorf im Nordosten Alaskas –, jemandem als »Junge, der an einem Fluss aufgewachsen ist« vorstellte. Die Formulierung ist glatt und rutschig wie ein Flusskiesel. Meinte er einfach nur, dass er in der Nähe seiner Ufer aufgewachsen war? Oder meinte er die Obhut des Flusses, hatte der Fluss ihn wachsen lassen, ihm beigebracht, was er fürs Leben brauchte? Aufgewachsen an einem Fluss: Ich vermute, beides stimmt – das eine geht kaum ohne das andere.

Ich wuchs bei und mit den Erdbeeren auf, mit ganzen Feldern davon. Nichts gegen die Ahorne, Hemlocktannen, Weymouth-Kiefern, Goldruten,

Astern, Veilchen und Moose im Hinterland des Bundesstaates New York, aber mein Gefühl für die Welt und meinen Platz in ihr gaben mir die winzigen Scharlach-Erdbeeren,[1] die ich unter taunassen Blättern an Frühsommermorgen entdeckte. Hinter unserem Haus erstreckten sich, unterteilt durch Steinwälle, meilenweit alte Heuwiesen, die längst nicht mehr bewirtschaftet wurden, aber noch nicht zu Wäldern verbuscht waren. Wenn der Schulbus unseren Hügel hinaufgetuckert war, warf ich meinen rot karierten Schulranzen in die Ecke, zog mich um, bevor meiner Mutter einfiel, was ich erledigen sollte, und sprang über den Bach, um bei den Goldruten spazieren zu gehen. Unsere mentalen Landkarten enthielten alle Orientierungspunkte, die wir Kinder brauchten: das Fort unter dem Essigbaum, den Steinhaufen, den Fluss, die große Kiefer, deren Äste in so gleichmäßigen Abständen wuchsen, dass man bis in ihren Wipfel klettern konnte wie auf einer Leiter – und die Erdbeerplätze.

Im Mai, im Blütenmond, dem *waabigwani-giizis*, besprenkelten ihre weißen Blütenblätter mit gelber Mitte – wie eine kleine Wildrose – all das krause Gras. Wir merkten uns gut, wo sie standen, spähten auf dem Weg zum Fröschefangen regel-

1 Anmerkung des Lektorats: Die Scharlach-Erdbeere ähnelt der europäischen Walderdbeere, schmeckt jedoch noch intensiver und süßer.

mäßig unter die dreiteiligen Blätter, um zu prüfen, wie weit sie waren. Nachdem die Blüte endlich ihre Kronblätter abgeworfen hatte, erschien stattdessen ein winziger grüner Knubbel, und als die Tage länger und wärmer wurden, schwoll er zu einer kleinen weißlichen Beere an. Egal, wie sauer sie waren, wir aßen sie trotzdem, zu ungeduldig für das eigentliche Erlebnis.

Reife Erdbeeren roch man, bevor man sie sah, ihr Duft vermischte sich mit dem Geruch von Sonne auf feuchtem Boden. So roch der Juni, der letzte Schultag, wenn wir freibekamen, und der Erdbeermond, *ode'mini-giizis.* Ich lag auf dem Bauch an meinen Lieblingsstellen, sah zu, wie die Beeren unter den Blättern süßer und größer wurden. Jede winzige wilde Beere war kaum größer als ein Regentropfen, die Samen in kleinen Grübchen unter der Blätterkappe. Von diesem Blickwinkel aus konnte ich nur die allerrötesten pflücken und die hellroten für morgen stehen lassen.

Noch heute, über fünfzig Erdbeermonde später, bin ich gerührt und überrascht, wenn ich eine Stelle mit Scharlach-Erdbeeren finde. Mich überkommt ein Gefühl von Unverdientheit und Dankbarkeit für die Freigebigkeit und Freundlichkeit, die in diesem unerwarteten Geschenk in rot-grüner Verpackung stecken. »Wirklich? Für mich? Das wäre doch nicht nötig gewesen.« Nach fünfzig Jahren werfen sie bei mir immer noch die Frage auf, wie ich auf ihre Freigebigkeit reagieren

soll. Manchmal fühlt sich das nach einer dummen Frage an, mit einer ganz einfachen Antwort: Iss sie auf.

Aber ich weiß, dass andere sich das auch schon gefragt haben. In unseren Schöpfungsgeschichten spielt die Herkunft der Erdbeeren eine wichtige Rolle. Die hübsche Tochter der Himmelsfrau, die sie aus der Himmelswelt in ihrem Bauch mitbrachte, wuchs auf der guten grünen Erde auf, voller Liebe und geliebt von allen anderen Wesen. Doch es kam zu einer Tragödie, denn sie starb bei der Geburt ihrer Zwillinge, Flint (Feuerstein) und Sapling (Bäumchen). Mit gebrochenem Herzen begrub die Himmelsfrau ihre geliebte Tochter im Boden. Ihr letztes Geschenk, unsere am meisten verehrte Pflanze, wuchs aus ihrem Leib. Die Erdbeere spross aus ihrem Herzen. Auf Potawatomi heißt die Erdbeere *ode min*, Herzbeere. Für uns ist sie die Anführerin der Beeren, die erste, die Frucht trägt.

Die Erdbeeren waren diejenigen, die mir das Gefühl gaben, dass die Welt voller Geschenke sei, die alle zu unseren Füßen lägen. Ein Geschenk erhält man ohne eigenes Zutun, umsonst, es kommt zu uns, ohne dass wir darum gebettelt haben. Es ist keine Vergütung; kein Lohn für Arbeit, kein eingelöster Anspruch, auch kein moralischer Verdienst. Und doch ist es da. Wir müssen nur die Augen offen halten und wach sein. Geschenke gehören ins Reich der Bescheidenheit und des Geheimnisses – wie bei zufälligen Freundlichkeiten wissen wir nicht, woher sie kommen.

Die Felder meiner Kindheit überschütteten uns mit Erdbeeren, Himbeeren, Brombeeren, herbstlichen Pekannüssen, Sträußen von Wildblumen für meine Mutter, und boten sonntägliche Familienausflüge. Sie waren unser Spielgelände, Rückzug, Naturtempel, unser ökologisches Klassenzimmer und der Ort, wo wir lernten, Konservendosen vom Steinwall zu schießen. Alles umsonst. Zumindest dachte ich das.

Damals erlebte ich die Welt als Schenkökonomie, in der »Güter und Dienstleistungen« nicht erworben, sondern als Geschenk von der Erde empfangen wurden. Zum Glück war mir nicht bewusst, wie meine Eltern kämpfen mussten, um in der Lohnwirtschaft über die Runden zu kommen, die fernab von diesem Feld wütete.

In unserer Familie war das, was wir einander schenkten, fast immer selbst gemacht. Für mich war das sogar die Definition eines Geschenks: etwas, was man für jemand anderen machte. All unsere Weihnachtsgeschenke bastelten wir selbst: Sparschweine aus leeren Putzmittelflaschen, Topfuntersetzer aus kaputten Wäscheklammern, und Püppchen aus pensionierten Strümpfen. Meiner Mutter zufolge machten wir das, weil wir kein Geld für gekaufte Geschenke hatten. Für mich war es keine Entbehrung; es war etwas Besonderes.

Mein Vater liebte wilde Erdbeeren, weshalb meine Mutter ihm zum Vatertag fast immer einen Erdbeerkuchen machte. Sie buk den knusprigen Tortenboden und schlug die schwere Sahnecreme, aber wir Kinder waren für die Beeren verantwortlich. Jeder bekam ein oder zwei alte Marmeladengläser und verbrachte den Samstag vor dem Fest draußen in den Feldern, und es dauerte ewig, bis wir sie voll hatten, weil immer mehr Beeren in unseren Mündern landeten. Schließlich kamen wir heim und kippten sie auf dem Küchentisch aus, um die mitgebrachten Käfer herauszulesen. Bestimmt übersahen wir auch welche, aber Dad gab zu der Extraportion Protein nie einen Kommentar ab.

Für ihn war Erdbeerkuchen das bestmögliche Geschenk, zumindest vermittelte er uns das. Es war ein Geschenk, das man niemals kaufen konnte. Als Kinder, die bei Erdbeeren aufwuchsen, war uns wahrscheinlich nicht klar, dass die Beerengabe vom Feld selbst kam, nicht von uns. Unser Geschenk waren Zeit und Aufmerksamkeit und Fürsorge und rot verklebte Finger. Herzbeeren, ja. Geschenke der Erde oder von jemand anderem begründen eine besondere Beziehung, eine Art Pflicht zum Geben, Empfangen und zum Erwidern. Das Feld beschenkte uns, wir beschenkten Dad, und wir versuchten, wiederum die Erdbeeren zu beschenken. Wenn die Beerenzeit vorbei war, bildeten die Pflanzen schlanke Ausläufer aus, um neue Pflanzen wachsen zu lassen. Mich faszinierte, wie sie über den Boden krochen und nach der richtigen Stelle zum Wurzelschlagen suchten, und so jätete ich kleine Stellen frei, wo die Ausläufer den Boden berührten. Bald würde der Ausläufer kleine Wurzeln austreiben, und im Herbst würde es dann noch mehr Pflanzen geben, die im nächsten Erdbeermond blühen würden. Das brachte uns niemand bei – die Erdbeeren zeigten es uns selbst. Weil sie uns ein Geschenk gemacht hatten, entstand zwischen uns eine anhaltende Beziehung.

Die Farmer in unserer Gegend bauten massenweise Erdbeeren an und heuerten häufig Kinder an, um diese für sie zu pflücken. Meine Geschwister und ich radelten die lange Strecke zur Farm der Crandalls, um uns mit Erdbeerpflücken ein Taschengeld zu verdienen. Einen Zehner für je-

des Kilo. Doch Mrs. Crandall war eine pingelige Chefin. Sie stand in ihrer Kittelschürze am Feldrand und gab uns Anweisungen, wie wir pflücken sollten und dass wir ja keine Beeren zertreten sollten. Und sie hatte noch andere Regeln. »Diese Beeren gehören mir«, sagte sie, »nicht euch. Ich will keinen erwischen, wie er meine Beeren isst.« Ich kannte den Unterschied: Auf den Feldern hinter unserem Haus gehörten die Beeren sich selbst. An ihrem Stand am Straßenrand verkaufte diese Dame sie für sechzig Cent das Kilo.

Das war eine echte Lektion in Sachen Ökonomie. Wir mussten einen Großteil unseres Lohns ausgeben, wenn wir in unseren Fahrradkörben Beeren nach Hause fahren wollten. Natürlich waren diese Beeren zehnmal so groß wie unsere wilden, aber nicht annähernd so gut. Ich glaube nicht, dass wir die Plantagenerdbeeren je für Dads Kuchen verwendet haben. Es hätte sich einfach nicht richtig angefühlt.

Es ist merkwürdig, wie sehr sich ein Gegenstand – zum Beispiel eine Erdbeere oder ein Paar Socken – verändert, je nachdem, wie er in unsere Hände kommt, als Geschenk oder als Ware. Das Paar Wollsocken, das ich im Laden kaufe, rot-grau geringelt, ist warm und gemütlich. Vielleicht bin ich dem Schaf dankbar, das die Wolle gemacht hat, und der Arbeiterin an der Strickmaschine. Hoffentlich. Aber eine *inhärente* Verpflichtung gegenüber diesen Socken als Ware, als Privatbesitz, habe ich nicht. Es gibt keine Bindung außer dem höflich ausgetauschten »Dankeschön« mit der Verkäuferin. Ich habe sie bezahlt, und unser Austausch war in dem Moment zu Ende, als ich ihr das Geld gereicht habe. Der Tausch endet mit der Herstellung der Parität, dem Ausgleich. Die Socken werden mein Eigentum. Ich schreibe keinen Dankesbrief an das Kaufhaus.

Was aber, wenn genau diese rot-grau geringelten Socken meine Großmutter gestrickt und mir geschenkt hat? Das ändert alles. Ein Geschenk begründet eine andauernde Beziehung. Ich schreibe einen Dankesbrief. Ich passe gut auf sie auf, und wenn ich eine sehr liebe Enkelin bin, trage ich sie, wenn sie zu Besuch kommt, auch wenn ich sie vielleicht gar nicht mag. An ihrem Geburtstag mache ich ihr sicher auch ein Geschenk. Der Wissenschaftler und Autor Lewis Hyde schreibt dazu: »Der Hauptunterschied zwischen Geschenk und Warenaustausch besteht darin, dass ein Geschenk eine emotionale Bindung zwischen zwei Menschen herstellt.«

Auf Walderdbeeren passt die Definition eines Geschenks, aber auf Erdbeeren aus dem Laden nicht. Den großen Unterschied macht die Beziehung zwischen Produzent und Verbraucher. Als jemand, der in Geschenken denkt, wäre ich schwer beleidigt, wenn ich wilde Erdbeeren im Laden liegen sähe. Ich würde sie sofort alle kidnappen wollen. Sie sollen nicht verkauft werden, nur verschenkt. Hyde erinnert uns daran, dass freiwillig gemachte Geschenke in einer Schenkökonomie nicht ins Kapital eines anderen übergehen können. Ich sehe schon die Schlagzeile vor mir: »Frau wegen Obstdiebstahls verhaftet. Bekennerschreiben der Erdbeerbefreiungsfront.«

Genau aus demselben Grund verkaufen wir kein Süßgras. Weil es uns geschenkt wird, sollte es auch anderen nur geschenkt werden. Mein lieber Freund Wally »Bear« Meshigaud war ein zeremonieller Feuerhüter unseres Volks und verbrauchte für unsere Rituale sehr viel Süßgras. Etliche Leute pflückten es auf eine gute Art und Weise für ihn, damit er immer genug auf Vorrat hatte, aber trotzdem ging es ihm bei großen Zusammenkünften manchmal aus. Bei Powwows und auf Märkten kann man erleben, wie unsere Leute für zehn Dollar den Zopf Süßgras verkaufen. Wenn Wally für eine Zeremonie dringend *wiingashk* brauchte, ging er manchmal zu einem dieser Stände zwischen den Buden mit frittiertem Brot oder Perlenschmuck. Er stellte sich dem Verkäufer vor, erklärte, was er brauchte, so, wie er auch auf einer Wiese das Süßgras um Erlaubnis gebeten hätte. Er *konnte* nicht dafür bezahlen, nicht, weil er kein Geld hatte, sondern weil es durch den Verkauf oder Kauf die Essenz für die Zeremonie verloren hätte. Er erwartete, dass die Verkäufer ihm das, was er brauchte, umsonst gaben, aber das war nicht immer der Fall. Manchmal dachte der Typ am Stand, ein Ältester wolle ihn übers Ohr hauen. »Du kannst nichts umsonst bekommen«, sagte er dann. Doch das war genau der Punkt. Ein Geschenk *ist* nun einmal umsonst, nur, dass bestimmte Pflichten damit einhergehen. Damit eine Pflanze heilig bleibt, darf sie nicht verkauft werden. Widerstrebende Händler bekamen von Wally eine Lektion erteilt, aber sein Geld bekamen sie nie.

Süßgras gehört Mutter Erde. Süßgraspflücker sammeln ordentlich und respektvoll, für den eigenen Gebrauch und für den Bedarf ihrer Gemeinschaft. Im Gegenzug bringen sie der Erde ein Geschenk und sorgen für das Wohlergehen des *wiingashk*. Die Zöpfe werden verschenkt, als

Auszeichnung, als Dank, zur Heilung und zum Verleihen von Kraft. Süßgras bleibt immer in Bewegung. Wenn Wally Süßgras ins Feuer gab, war das ein Geschenk, das von Hand zu Hand gegangen und dabei immer reicher geworden war, weil es bei jedem Tausch geehrt wurde.

Genau das ist das Wesen des Geschenks: Es zirkuliert, und sein Wert steigt beim Weitergeben. Die Felder schenkten uns Beeren, und wir schenkten sie unserem Vater. Je öfter etwas geteilt wird, desto wertvoller wird es. Für Gesellschaften, die von der Idee des Privateigentums durchdrungen sind, mag das schwer zu begreifen sein, denn per Definition sind andere dort von der Teilhabe ausgeschlossen. Unbefugtes Betreten von Grundstücken zu verbieten zum Beispiel ist in einer Eigentumsökonomie zu erwarten und wird auch akzeptiert, ist aber völlig inakzeptabel in einer Wirtschaftsform, wo das Land als Geschenk an alle gilt.

Lewis Hyde illustriert diesen Missklang wunderbar in seiner Untersuchung des *»Indian giver«*. Dieser Ausdruck wird heute negativ gebraucht als abfällige Bezeichnung für jemanden, der etwas zuerst verschenkt, es danach aber zurückhaben will; eigentlich rührt er von einem faszinierenden interkulturellen Missverständnis zwischen

der indigenen Kultur und ihrer Schenkökonomie einerseits und der Ökonomie der Kolonialkultur, die auf dem Konzept des Privateigentums basiert, andererseits. Als die Siedler von den Indigenen Geschenke erhielten, verstanden die Empfänger sie als etwas Wertvolles, was sie behalten sollten. Sie weiterzuschenken, wäre in ihren Augen ein Affront gewesen. Doch für die indigenen Völker entstand der Wert des Geschenks durch den Austausch, und sie empfanden es als Affront, wenn die Geschenke nicht in einem Kreislauf zu ihnen zurückkehrten. Viele unserer alten Regeln lehren, dass wir alles, was wir einmal als Geschenk erhalten haben, weitergeben sollen.

Aus der Sicht einer Eigentumsökonomie gilt ein Geschenk als »umsonst«, weil wir es ohne Gegenleistung erhalten, ohne Bezahlung. In der Schenkökonomie dagegen sind Geschenke nicht umsonst. Das Wesen des Geschenks ist es, dass dadurch Beziehungen entstehen. Die Währung einer Schenkökonomie ist letztlich der Austausch. Im westlichen Denken wird Privatgrund als ein »Bündel an Rechten« verstanden, während in der Schenkökonomie Eigentum an ein »Bündel an Verantwortungen« gebunden ist.

Ich durfte einmal für einen ökologischen Forschungsauftrag einige Zeit in einem Dorf in den Anden verbringen. Am liebsten mochte ich den Markttag in dem Dorf; der Platz füllte sich dann mit Händlern. Es gab Tische voller *plata-*

nos, Kochbananen, Karren mit frischen Papayas, knallbunte Stände mit ganzen Pyramiden von Tomaten, und eimerweise Maniok-Knollen. Andere Verkäufer breiteten einfach Decken auf dem Boden aus und boten dort alles Erdenkliche an, was man vielleicht irgendwann brauchen konnte, von Flipflops bis zu Palmstrohhüten. Eine Frau hockte in gestreiftem Poncho und dunkelblauem Hut hinter ihrer roten Decke und legte Wurzeln von Heilpflanzen aus, die genauso hübsch verrunzelt waren wie sie selbst. Die Farben, der Duft der Maiskolben auf dem Holzkohlegrill und der scharfen Limetten, der Klang der vielen Stimmen vermischen sich in meiner Erinnerung zu einem wundervollen Ganzen. Ich hatte einen Lieblingsstand, dessen Verkäuferin, Edita, jedes Mal schon nach mir Ausschau hielt. Sie erklärte immer freundlich, wie man mir unbekannte Pflanzen zubereitete, und zog unter dem Tisch die süßeste Ananas hervor, die sie für mich dort versteckt hatte. Einmal hatte sie sogar Erdbeeren. Ich weiß, dass ich *Gringa*-Preise zahlte, aber das Erlebnis von Überfluss und Zugewandtheit waren jeden Peso wert.

Vor Kurzem träumte ich von diesem Markt in all seiner Lebendigkeit. Ich spazierte durch die Gassen, wie immer mit einem Korb am Arm, und ging direkt zu Edita, um einen Bund frischen Koriander zu erstehen. Wir plauderten und lachten, und als ich ihr meine Münzen hinhielt, winkte sie ab, tätschelte mir den Arm und schickte mich weiter. Ein Geschenk, sagte sie. *Muchas gracias, señora*, erwiderte ich. Da war meine liebste *panadera*, saubere Tücher über die runden Laibe gebreitet. Ich wählte ein paar Brötchen aus, öffnete meinen Geldbeutel, und auch diese Verkäuferin winkte mein Geld weg, als wäre es unhöflich, eine Bezahlung anzubieten. Überrascht sah ich mich um; das hier war mein vertrauter Markt, und doch war alles anders. Nicht nur mir ging es so – niemand bezahlte seine Einkäufe. Mit euphorischen Gefühlen ließ ich mich über den Markt treiben. Die einzige Währung, die akzeptiert wurde, war Dankbarkeit. Alles war geschenkt. Es war wie beim Erdbeerpflücken auf meinem Feld: Die Händler waren nur Mittelsleute, die die Geschenke der Erde weiterreichten.

Ich blickte in meinen Korb: zwei Zucchini, eine Zwiebel, Tomaten, Brot und ein Bund Koriander. Er war noch halb leer, aber er fühlte sich voll an. Ich hatte alles, was ich brauchte. Ich schielte hinüber zum Käsestand, wollte schon welchen holen, aber da ich wusste, dass ich ihn geschenkt und nicht verkauft bekäme, beschloss ich, ohne auszukommen. Es ist seltsam: Wäre auf diesem Markt alles einfach nur sehr billig gewesen, hätte ich das wahrscheinlich ausgeschöpft bis zum Gehtnichtmehr. Doch als alles zum Geschenk wurde, spürte ich eine Art innere Selbstbeschränkung. Ich wollte nicht zu viel nehmen. Und ich begann, darüber nachzudenken, was für kleine Geschenke ich den Händlern am nächsten Tag mitbringen könnte.

Natürlich war der Traum bald verblasst, aber das Gefühl der Euphorie und der Selbstbeschränkung blieb. Als ich darüber nachdachte, wurde mir klar, dass ich da die Umwandlung einer Marktwirtschaft in eine Schenkökonomie erlebt hatte, von privatem Besitz in gemeinschaftliches Vermögen. Und bei dieser Transformation wurden die Beziehungen genauso gehaltvoll wie die Nahrung, die ich bekam. Überall an den Ständen und Decken des Markts wurden Wärme und Mitgefühl weitergereicht. Und da jeder Einkaufskorb eine Mahlzeit enthielt, herrschte auch Gerechtigkeit.

Als Botanikerin möchte ich mich klar und sachlich ausdrücken, aber gleichzeitig bin ich auch Dichterin, und die Welt spricht zu mir in Metaphern. Wenn ich vom Geschenk der Erdbeeren spreche, meine ich nicht, dass die *Fragaria virginiana* die ganze Nacht durchgearbeitet hat, um mir ein Geschenk zu machen, und sich genau überlegt hat, was ich an einem Sommermorgen gerne hätte. Soweit wir wissen, ist das nicht der Fall, obwohl mir als Naturwissenschaftlerin auch bewusst ist, wie wenig wir eigentlich wissen. Die Pflanze hat tatsächlich die ganze Nacht durchgearbeitet und kleine Zuckerpäckchen, Samen, Duft und Farbe synthetisiert, denn dadurch steigert sie ihre evolutionäre Fitness. Wenn sie erfolgreich ein Tier wie mich dazu verleitet, ihre Frucht zu verbreiten, werden ihre Gene zur Herstellung von Leckereien häufiger an die Folgegenerationen weitergegeben als die der Pflanze mit den weniger appetitlichen Früchten. Die Beeren, die die Pflanze gebildet hat, beeinflussen das Verhalten der Ausbreiter und wirken sich auf weitere Adaptionen aus.

Damit meine ich, dass die Beziehung von uns Menschen zu den Erdbeeren eine andere ist, je nachdem, welche Perspektive wir einnehmen. Erst die menschliche Wahrnehmung macht die Welt zu einem Geschenk. Wenn wir die Welt so sehen, werden Erdbeeren und Menschen verwandelt. Die so entstandene Beziehung von Dankbarkeit und Austausch kann die evolutionäre Fitness von Pflanze und Tier zugleich erhöhen. Ein Lebewesen und eine Kultur, die die Natur mit Respekt behandelt und ihre Gaben durch Austausch würdigt, gibt mit Sicherheit häufiger Gene an folgende Generationen weiter als die Menschen, die sie zerstören. Die Geschichten, an denen wir unser Verhalten orientieren, haben auch für die Zukunft Konsequenzen.

Lewis Hyde hat die Schenkökonomie extensiv erforscht. Er stellt fest, dass »Objekte ... zahlreich bleiben, *weil* sie als Geschenke behandelt werden«. Eine Schenkbeziehung zur Natur ist ein »formales Geben und Nehmen, das unsere Mitwirkung an natürlichem Wachstum und unsere Abhängigkeit davon anerkennt. Wir behandeln die Natur dann eher als Teil unserer selbst, nicht als ein Drittes oder Fremdes, was zur Ausbeutung zur Verfügung steht. Der Austausch von Geschenken ist der Handel der Wahl, denn dieser Handel harmonisiert mit dem Prozess des [Natur-]Wachstums und trägt dazu bei.«

In alten Zeiten, als das Leben der Menschen noch ganz direkt mit dem Land verschränkt war, war es leicht, die Welt als Geschenk zu erkennen. Wenn der Herbst kam, verdunkelte sich der Himmel mit Schwärmen von Gänsen, die schrien: »Hier sind wir.« Das erinnerte die Menschen an die Schöpfungsgeschichte, in der die Gänse zur Stelle waren, um die Himmelsfrau zu retten. Die Menschen waren hungrig, der Winter stand vor der Tür, und die Gänse füllten die Feuchtwiesen mit Nahrung. Das war ein Geschenk, und die Menschen empfingen es mit Dank, Liebe und Respekt.

Doch wenn die Nahrung nicht aus einem Schwarm im Himmel kommt, wenn man nicht spürt, wie die warmen Federn in der Hand erkalten, und nicht weiß, dass ein Leben für das eigene gegeben wurde, wenn es im Gegenzug keine Dankbarkeit gibt – dann mag diese Nahrung nicht befriedigen. Der Magen mag gefüllt sein, doch ob der Geist satt ist? Etwas ist zerbrochen, wenn die Nahrung in einer Styroporschale unter glitschiger Plastikfolie daherkommt, der Kadaver eines Wesens, dessen einziges Glück im Leben ein beengter Käfig war. Das ist kein Geschenk des Lebens; das ist Diebstahl.

Wie können wir in unserer modernen Welt dahin zurückfinden, dass wir die Erde wieder als Geschenk verstehen, dass wir unsere Beziehung zur Welt wieder heiligen? Ich weiß, wir können nicht alle Jäger und Sammler werden – die Natur könnte unser Gewicht nicht stemmen; aber können wir uns auch in einer Marktwirtschaft so verhalten, »als ob« die Natur ein Geschenk wäre?

Wir könnten damit anfangen, Wally zuzuhören. Es werden immer Leute versuchen, die Geschenke zu verkaufen, aber wie sagte Wally, wenn Süßgras verkauft werden sollte: »Kauft es nicht.« Die Weigerung, mitzumachen, ist eine moralische Entscheidung. Wasser ist ein Geschenk für alle, es soll nicht gekauft und verkauft werden.

Kauf es nicht. Wenn Nahrung aus der Erde herausgepresst wurde, wenn dafür der Boden ausgelaugt und unsere Verwandten im Namen höherer Erträge vergiftet wurden, kauf sie nicht.

Materiell gesehen gehören Erdbeeren nur sich selbst. Die Tauschbeziehungen, für die wir uns entscheiden, legen fest, ob wir sie als gemeinschaftliches Geschenk teilen oder sie als private Ware verkaufen. Von dieser Entscheidung hängt

viel ab. Die längste Zeit in der menschlichen Geschichte und stellenweise auch noch heute waren gemeinschaftliche Ressourcen die Regel. Doch dann wurde eine andere Geschichte erfunden, ein soziales Konstrukt, in dem alles Ware ist, die gekauft und verkauft werden kann. Die Geschichte der Marktwirtschaft hat sich ausgebreitet wie ein Buschfeuer, mit ungleichen Folgen für das Wohlergehen der Menschen und mit Zerstörung für die Natur. Doch es ist nur eine Geschichte, die wir uns erzählt haben, und wir sind frei, eine andere Geschichte auszusuchen, die alte zurückzufordern.

Eine dieser Geschichten unterstützt die ökologischen Systeme, von denen wir abhängen. Eine dieser Geschichten macht den Weg frei für ein Leben in Dankbarkeit und Bewunderung für den Reichtum und die Freigebigkeit der Welt. Eine dieser Geschichten fordert uns auf, selbst solche Geschenke zu machen, unsere Verwandtschaft mit der Welt zu feiern. Wir haben die Wahl. Wenn die ganze Welt eine Ware ist – welch eine Armut. Wenn die ganze Welt ein zirkulierendes Geschenk ist – welch ein Reichtum.

Wenn ich auf den Feldern meiner Kindheit darauf wartete, dass die Erdbeeren reif wurden, aß ich immer schon die sauren weißen, manchmal vor Hunger, aber meist aus Ungeduld. Ich wusste um die Folgen meiner Gier, aber ich pflückte sie trotzdem. Glücklicherweise wächst und entwickelt sich unsere Fähigkeit zur Selbstbeschränkung wie die Beeren unter den Blättern, und so lernte ich, zu warten. Ein bisschen. Ich erinnere mich, wie ich draußen auf dem Rücken lag und den Wolken nachsah, und mich alle paar Minuten umdrehte und nach den Beeren schielte. Als ich klein war, dachte ich, es könnte so schnell gehen. Jetzt bin ich alt und weiß, dass Wandel ein langsamer Prozess ist. Die Warenwirtschaft gibt es hier auf der Schildkröteninsel jetzt seit 400 Jahren, so lange schon frisst sie die weißen Erdbeeren und alles andere auf. Aber die Menschen mögen den bitteren Geschmack in ihrem Mund nicht mehr. In uns regt sich eine große Sehnsucht, wieder in einer Welt aus Geschenken zu leben. Ich kann sie schon riechen, wie den Duft der reifenden Erdbeeren in der Brise.

DIE GRAMMATIK DES BELEBTEN

Um an einem Ort heimisch zu sein, müssen wir seine Sprache sprechen.

Ich komme hierher zum Zuhören. Ich kuschele mich in eine weiche Mulde voller Kiefernnadeln, lehne meine Knochen an den Stamm einer Weymouth-Kiefer und schalte die Stimme in meinem Kopf ab, bis ich sie hören kann: das Säuseln des Winds in den Nadeln, das Rieseln des Wassers auf dem Felsen, das Klopfen der Kleiber, das Graben der Backenhörnchen, das Fallen der Bucheckern, die Mücke an meinem Ohr, und noch etwas – etwas, das nicht ich bin, wofür wir keine Sprache haben, das wortlose Sein von anderen, in dem wir nie allein sind. Nach dem Trommelschlag vom Herz meiner Mutter war das meine erste Sprache. Ich könnte einen ganzen Tag nur mit Lauschen verbringen. Und eine ganze Nacht. Und am Morgen könnte da ein neuer Pilz sein, den ich nicht

hatte kommen hören, der gestern Abend noch nicht da gewesen war. Perlweiß ist er, aus dem Kiefernnadelhumus aufgeschossen, aus dem Dunkeln ins Licht, noch glitzernd von der Feuchte seiner Bahn. *Puhpowee.*

Wenn wir der Natur lauschen, hören wir Gespräche in einer Sprache, die nicht unsere ist. Heute denke ich, dass ich zur Wissenschaft gekommen bin, weil ich diese Sprache, die ich in den Wäldern höre, verstehen wollte, weil ich mit den Jahren lernen wollte, fließend Botanisch zu sprechen. Was übrigens nicht zu verwechseln ist mit der Sprache der Pflanzen. Tatsächlich gelernt habe ich in der Wissenschaft eine andere Sprache, eine Sprache der sorgfältigen Beobachtung, ein präzises Vokabular, das jedes kleine Detail benennt. Und um zu benennen und zu beschreiben, muss man zuerst sehen, und die Wissenschaft fördert die Gabe des Sehens. Ich honoriere die Präzision dieser Sprache, in der ich mich inzwischen zu Hause fühle. Doch hinter der Vielfalt ihres Vokabulars und ihrer Fähigkeit zur Beschreibung fehlt etwas – dasselbe Etwas, das um einen und in einem anschwillt, wenn man der Welt lauscht. Die wissenschaftliche Sprache schafft Distanz, sie reduziert ein Wesen auf seine funktionalen Elemente; sie ist eine Sprache der Gegenstände. Zwar ist sie präzise, aber sie beruht auf einem grundlegenden Grammatikfehler, einem Versäumnis, einem gravierenden Verlust, der bei der Übersetzung aus den indigenen Sprachen dieser Küsten erfolgt ist.

Mein erster Vorgeschmack auf das, was der wissenschaftlichen Sprache fehlt, war das Wort *Puhpowee.* Ich stolperte in einem Buch der Ethnobotanikerin Keewaydinoquay vom Volk der Anishinaabe darüber; es ging um die traditionelle Nutzung von Pilzen durch unser Volk. *Puhpowee,* erklärte sie, bedeutet »die Kraft, die bewirkt, dass Pilze über Nacht aus dem Boden schießen«. Als Biologin war ich verblüfft über die Existenz eines solchen Wortes. In ihrem gesamten technischen Vokabular kennt die westliche Wissenschaft keinen solchen Begriff, keine Wörter, die dieses Mysterium beschreiben. Man könnte meinen, dass gerade Biologen am ehesten Wörter für das Leben haben. Doch in der Sprache der Wissenschaft wird unsere Terminologie benutzt, um die Grenzen unseres Wissens zu definieren. Was dahinter liegt, bleibt unbenannt.

In den drei Silben dieses neuen Wortes erkannte ich die unzähligen Tage genauer Beobachtung in feuchten morgendlichen Wäldern, die der Formulierung dieser Theorie vorangegangen waren, einer Theorie, für die Sprachen wie Englisch oder Deutsch keine Entsprechung haben. Die Erfinder dieses Wortes verstanden eine Welt des Seins, die voll von unsichtbaren Energien war, die alles belebten. Ich liebe dieses Wort seit Jahren, es ist mein Talisman, und ich sehne mich nach den

Menschen, die der Lebenskraft von Pilzen einen Namen gaben. Die Sprache, zu der das Wort *Puhpowee* gehört, wollte ich sprechen. Und als ich erfuhr, dass dieses Wort zur Sprache meiner Vorfahren gehörte, wurde das geradezu ein Wegweiser für mich.

Wäre die Geschichte anders verlaufen, würde ich womöglich Bodewadmimwin sprechen, oder Potawatomi, eine Anishinaabe-Sprache. Aber wie so viele der 350 indigenen Sprachen Amerikas ist das Potawatomi vom Aussterben bedroht, und ich spreche nun einmal Englisch. Die Macht der Assimilation tat das Ihre, als meine und auch deine Chance, diese Sprache zu hören, den Indianerkindern in den staatlichen Internaten aus dem Mund gespült wurde, weil es verboten war, seine Muttersprache zu sprechen. Kinder wie mein Großvater, der aus seiner Familie gerissen wurde, als er gerade einmal neun Jahre alt war. Dieses historische Unrecht versprengte nicht nur unsere Worte, sondern auch unser Volk. Heute lebe ich weit entfernt von unserem Reservat, und selbst wenn ich die Sprache könnte, hätte ich niemanden, mit dem ich sie sprechen könnte. Doch vor ein paar Jahren gab es bei unserer alljährlichen Sommerzusammenkunft einen Sprachkurs, und ich schlich mich in das Zelt und hörte zu.

Um den Kurs wurde ziemlich viel Aufhebens gemacht, denn zum ersten Mal sollten sämtliche Stammesangehörige, die die Sprache fließend beherrschten, als Lehrer anwesend sein. Als die Muttersprachler nach vorne in den Klappstuhlkreis gerufen werden, kommen sie langsam – mit Gehstock, Rollator und Rollstuhl, nur wenige ganz aus eigener Kraft. Ich zähle sie, während sie sich setzen. Neun. Neun echte Muttersprachler. In der ganzen Welt. Unsere Sprache, die über Jahrtausende entstanden war, saß auf diesen neun Stühlen. Die Worte, die die Schöpfung priesen, die alten Geschichten erzählten, meine Vorfahren in den Schlaf sangen, ruhen heute auf den Zungen von neun sehr sterblichen Männern und Frauen. Einer nach dem anderen sprechen sie die kleine Gruppe Interessierter an.

Ein Mann mit langen grauen Zöpfen erzählt, wie seine Mutter ihn versteckte, als die Indianeragenten kamen, um die Kinder zu holen. Er entkam dem Internat, indem er sich unter einem Überhang am Flussufer versteckte, wo das Rauschen des Wassers sein Heulen überdeckte. Die anderen wurden alle mitgenommen und bekamen den Mund mit Seife gespült – oder noch schlimmer –, wegen »Sprechens dieser schmutzigen Indianersprache«. Weil er allein zu Hause blieb und aufwuchs, indem er die Pflanzen und Tiere bei dem Namen nannte, die der Schöpfer ihnen gab, ist er heute hier, ein Träger der Sprache. Die Mühlen der Assimilation funktionierten gut. Mit verschwommenen Augen erklärt der Sprecher: »Wir sind das Ende der Straße. Wir sind alles, was noch übrig ist. Wenn ihr Jungen sie nicht lernt, stirbt die Sprache aus. Dann haben die Missionare und die US-Regierung endlich ihren Sieg.«

Eine Urgroßmutter aus dem Kreis schiebt ihren Rollator nah ans Mikrophon. »Da gehen nicht nur die Worte verloren«, sagt sie. »Die Sprache ist das Herz unserer Kultur; sie umfasst unsere Gedanken, unsere Sicht auf die Welt. Sie ist zu schön, als dass man sie auf Englisch erklären könnte.« *Puhpowee.*

Jim Thunder, mit 75 der Jüngste unter den Sprechern, ein rundlicher, dunkelhäutiger Mann, der sehr seriös wirkte, sprach ausschließlich Potawatomi. Er begann ganz feierlich, doch als er in Fahrt kam, erhob sich seine Stimme wie eine Brise in den Birken, und immer mehr übernahmen seine Hände das Erzählen der Geschichte. Er wurde immer lebhafter, sprang auf die Füße, und wir hingen sprachlos an seinen Lippen, obwohl fast niemand auch nur ein Wort verstand. Er hielt inne, es war wohl der Höhepunkt seiner Geschichte, und sah sich mit erwartungsvoll blinkenden Augen im Publikum um. Eine der Omas hinter ihm legte sich kichernd eine Hand vor den Mund, und sein strenges Gesicht löste sich plötzlich in einem Lächeln auf, das so süß und breit war wie eine Wassermelone. Er bog sich vor Lachen, und die Omas wischten sich die Tränen aus den Augen, hielten sich die Seiten, während wir anderen mit fragenden Blicken zusahen. Als das Gelächter sich gelegt hatte, sprach er endlich doch Englisch: »Was passiert mit einem Witz, wenn niemand ihn mehr hören kann? Wie einsam wird es für diese Worte, wenn ihre Kraft verloren ist. Wohin sollen sie gehen? Zu den Geschichten, die nie wieder erzählt werden können.«

Also ist meine Wohnung jetzt gespickt mit Post-its in einer anderen Sprache, als würde ich für eine Auslandsreise lernen. Aber ich gehe nicht weg, ich komme nach Hause.

Ni pi je ezhyayen?, fragt der kleine gelbe Klebezettel auf meiner Hintertür. Meine Hände sind voll, und der Automotor läuft, aber ich schiebe meine Tasche auf die andere Hüfte und nehme

mir die Zeit, um zu antworten. *Odanek nde zhya*, ich fahre in die Stadt. Oder zur Arbeit, zum Kurs, zu Meetings, zur Bank, zum Einkaufen. Ich rede jeden Tag und schreibe manchmal jeden Abend in der schönen Sprache, in die ich geboren wurde, die Sprache, die von 70 Prozent der Weltbevölkerung benutzt wird, eine Sprache, die als die nützlichste gilt und die mit dem größten Vokabular der modernen Welt. Englisch. Wenn ich abends in mein stilles Haus zurückkomme, hängt ein treues Post-it an der Garderobe. *Gisken I gbiskewagen!* Also ziehe ich meinen Mantel aus.

Ich mache Abendessen, nehme aus den Schränken Geräte mit Aufklebern, *emkwanen*, *nagen*. Ich bin heute eine, die Potawatomi mit Haushaltsgeräten spricht. Wenn das Telefon klingelt, werfe ich kaum einen Blick auf das Post-it dort, während ich den *giktogan dopnen*. Und egal, ob es ein Anwalt ist oder ein Freund, sie sprechen Englisch. Ungefähr einmal pro Woche ist es meine Schwester von der Westküste, sie sagt *Bozho. Mokthewenkwe nda* – als müsste sie sich überhaupt vorstellen: Wer sonst spricht Potawatomi? Es sprechen zu nennen, ist allerdings eine Übertreibung. In Wirklichkeit radebrechen wir nur in einer Art Gesprächsparodie: Wie geht es dir? Danke, gut. In die Stadt fahren. Vogel sehen. Rot. Frittiertes Brot gut. Wir klingen wie Tonto im Hollywood-Dialog mit Lone Ranger. »Ich versuchen sprechen gut Injun.« Wenn wir selten einmal wirklich einen halbwegs kohärenten Gedanken formulieren können, füllen wir die Lücken großzügig mit Wörtern aus unserem Schulspanisch, und die Sprache, die so entsteht, nennen wir Spanawatomi.

Dienstags und donnerstags um 12:15 Uhr (Zeitzone Oklahoma) nehme ich an dem Mittagssprachkurs teil, der online aus der Hauptverwaltung der Potawatomi gestreamt wird. Meistens sind wir etwa zu zehnt, verstreut über das ganze Land. Gemeinsam lernen wir Zählen und zu sagen: *Reich mir das Salz.* Jemand fragt: »Wie sagte man ›Reich mir bitte das Salz‹?« Unser Lehrer, Justin Neely, ein junger Mann, der sich ganz der Wiederbelebung der Sprache widmet, erklärt, dass es zwar mehrere Worte für *danke*, aber keines für *bitte* gibt. Essen war dazu da, geteilt zu werden, da brauchte es kein höfliches Beiwerk; es war eine einfache kulturelle Tatsache, dass man ohnehin respektvoll bat. Die Missionare interpretierten diese Leerstelle als weiteren Beweis für schlechte Manieren.

Abends, wenn ich eigentlich Klausuren korrigieren oder Rechnungen bezahlen sollte, sitze ich häufig am Computer und arbeite Lernprogramme für Potawatomi durch. Nach Monaten beherrsche ich inzwischen das Kindergartenvokabular und kann recht zuverlässig Tierbildern ihren indigenen Namen zuordnen. Es erinnert mich ans Vorlesen von Bilderbüchern mit meinen Kindern: »Zeig mir mal das Eichhörnchen. Und wo ist das

Häschen?« Und die ganze Zeit sage ich mir, dass ich dafür wirklich keine Zeit habe und dass es außerdem kaum einmal nötig sein wird, dass ich die Wörter für Barsch und Fuchs kenne. Unser Stamm ist in der Diaspora in alle vier Winde verstreut worden – mit wem soll ich überhaupt reden?

Die einfachen Sätze, die ich lerne, sind perfekt für meine Hündin. Sitz! Friss! Bei Fuß! Still! Aber da sie schon auf Englisch kaum auf diese Befehle reagiert, schrecke ich davor zurück, sie ihr auch noch zweisprachig beizubringen. Eine beeindruckte Studentin fragte mich einmal, ob ich meine Muttersprache spreche. Ich hätte am liebsten gesagt: »Oh, ja, wir sprechen zu Hause Potawatomi« – ich, der Hund und die Post-its. Unser

Lehrer redet uns zu, uns nicht entmutigen zu lassen, und dankt uns jedes Mal, wenn ein Wort ausgesprochen wird – er dankt uns, dass wir der Sprache Leben einhauchen, selbst wenn wir nur ein einziges Wort aussprechen. »Aber ich kann mit niemandem reden«, beschwere ich mich. »Das kann keiner von uns«, beruhigt er mich, »aber irgendwann werden wir es können.«

Also lerne ich brav meine Vokabeln, aber ich tue mich schwer damit, das »Herz unserer Kultur« darin zu finden, dass ich *Bett* und *Waschbecken* ins Potawatomi übersetze. Dabei waren Nomen noch ganz einfach zu lernen; ich hatte ja auch schon Tausende botanische Namen und wissenschaftliche Fachtermini gelernt. Ich sagte mir, so anders könne das ja gar nicht sein – einfach Eins-zu-eins-Entsprechungen auswendig zu lernen. Zumindest auf Papier, wenn man die Buchstaben vor Augen hat, stimmt das auch. Wenn man die Sprache hört, ist es schon etwas ganz anderes. In unserem Alphabet gibt es weniger Buchstaben, daher ist es für einen Anfänger oft heikel, Wörter zu unterscheiden. Mit den schönen Konsonantenhäufungen wie *zh* und *mb* und *shwe* und *kwe* und *mshk* klingt unsere Sprache wie der Wind in den Kiefern und Wasser auf den Felsen – Klänge, auf die unsere Ohren früher vielleicht genauer eingestellt waren, aber heute nicht mehr. Um es wieder neu zu lernen, muss man wirklich genau hinhören.

Wenn man wirklich *sprechen* will, braucht man natürlich Verben, und an diesem Punkt ist Schluss mit meiner Kindergartenleistung, Dinge zu benennen. Englisch ist eine Nomen-basierte Sprache, eigentlich passend für eine Kultur, die so von Dingen besessen ist. Nur 30 Prozent der englischen Wörter sind Verben, im Potawatomi dagegen sind es 70 Prozent. Und das bedeutet, dass 70 Prozent der Wörter konjugiert werden müssen, und 70 Prozent haben verschiedene Zeit- und Modalformen.

Europäische Sprachen geben Nomen häufig ein Geschlecht, aber Potawatomi unterteilt die Welt nicht in männlich und weiblich. Sowohl von Nomen als auch von Verben gibt es dafür belebte und unbelebte Varianten. Man hört einen Menschen mit einem ganz anderen Verb, als man ein Flugzeug hört. Pronomen, Artikel, Plurale, Demonstrativa, Verben – all diese syntaktischen Kleinteile, mit denen ich schon im Highschool-Englisch meine Probleme hatte, sind auf Potawatomi darauf ausgerichtet, ob man gerade von der lebendigen Welt spricht oder von der unbelebten. Verschiedene Verbformen, andere Plurale, alles verschieden, je nachdem, ob das, wovon man spricht, lebt.

Kein Wunder, dass es nur noch neun Sprecher gibt! Ich versuche es ja, aber es ist so verwirrend, dass ich Kopfweh bekomme, und mein Ohr kann kaum unterscheiden zwischen Wörtern, die etwas völlig Unterschiedliches bedeuten. Ein Lehrer beruhigt uns, mit der Übung kommt das schon, aber ein anderer Ältester räumt ein, dass diese großen Ähnlichkeiten der Sprache inhärent sind. Stewart King, ein Wissenshüter und großartiger Lehrer, erinnert uns: Der Schöpfer wollte, dass wir lachen, deshalb ist der Humor absichtlich in die Syntax eingebaut. Schon eine winzige Verschiebung der Zunge kann aus »Wir brauchen mehr Feuerholz« ein »Zieh dich aus« machen. Und ich lernte auch, dass das mystische Wort *Puhpowee* nicht nur für Pilze gebraucht wird, sondern auch für bestimmte andere Stängel, die in der Nacht auf rätselhafte Weise in die Senkrechte gehen.

Meine Schwester schenkte mir einmal zu Weihnachten Kühlschrankmagnete auf Ojibwe oder Anishinabemowin, einer mit Potawatomi nah verwandten Sprache. Ich legte sie auf meinem Küchentisch aus und suchte nach bekannten Wörtern, aber je mehr ich suchte, desto verwirrter war ich. Unter den gut einhundert Magneten gab es nur ein einziges Wort, das ich erkannte: *megwech*, danke. Meine kleine Zufriedenheit über das, was ich in den letzten Monaten gelernt hatte, verpuffte im Nu.

Ich weiß noch, wie ich das Ojibwe-Wörterbuch, das sie mir schickte, durchblätterte und versuchte, die Magnete zu entziffern, aber die Schreibweise war nicht immer dieselbe, außerdem war es zu klein gedruckt und es gab zu viele Variationen für ein einziges Wort – ich bekam das Gefühl, das alles war einfach viel zu schwer für mich. Die Fäden in meinem Gehirn verknoteten sich, und je mehr ich mich bemühte, umso verworrener wurde es. Die Seiten verschwammen, und meine Augen blieben an einem Wort hängen – natürlich einem Verb: »ein Samstag sein«. *Pff!* Ich knallte das Buch auf den Tisch. Seit wann ist Samstag ein Verb? Jeder weiß doch, dass das ein Nomen ist. Ich griff wieder nach dem Wörterbuch, blätterte noch mehr Seiten durch, und alles Mögliche schien plötzlich ein Verb zu sein: »ein Hügel sein«, »rot sein«, »ein langer Sandstrand sein«, und dann blieb mein Finger auf *wiikwegamaa* liegen: »eine Bucht sein«. »Lächerlich!«, wetterte ich lautlos. »Warum müssen sie es immer so kompliziert machen! Kein Wunder, dass keiner das spricht. Eine so umständliche Sprache, unmöglich zu lernen, und obendrein ist alles auch noch falsch. Eine Bucht ist definitiv eine Person, ein Ort oder ein Ding – jedenfalls ein Nomen und kein Verb.« Ich war kurz davor, aufzugeben. Ich hatte ein paar Wörter gelernt, hatte meine Pflicht erfüllt gegenüber der Sprache, die meinem Großvater genommen worden war. Oh ja, die Geister der Missionare in den Internaten müssen sich vor Freude die Hände gerieben haben bei meinem Frust. »Gleich ergibt sie sich«, grinsten sie.

Und dann, ich schwöre es, hörte ich das Knistern der Synapsen. Ein elektrisches Signal zischte mir den Arm hinunter bis in den Finger und versengte geradezu die Seite, auf der dieses eine Wort lag. Mit einem Schlag konnte ich das Wasser der Bucht riechen, konnte sehen, wie es in Wellen ans Ufer schlug und den Sand siebte. Eine Bucht ist nur dann ein Nomen, wenn Wasser *tot* ist. Wenn *Bucht* ein Nomen ist, dann ist sie von Menschen definiert, eingesperrt zwischen den Ufern und umgrenzt von dem Wort. Das Verb *wiikwegamaa* dagegen – eine Bucht *sein* – befreit das Wasser aus den Fesseln und lässt es leben. »Eine Bucht sein« umgreift das Wunder, dass in diesem Augenblick das lebende Wasser beschlossen hat, zwischen diesen Ufern Schutz zu suchen, sich mit Riesen-Lebensbaumwurzeln zu unterhalten und einem Schwarm Gänsesägerküken. Denn es könnte sich auch ganz anders verhalten – ein Fluss werden oder ein Meer oder ein Wasserfall, und auch dafür gibt es Verben. Ein Hügel sein, ein Sandstrand sein, ein Samstag sein, das alles sind mögliche Verben in einer Welt, in der alles lebendig ist. Wasser, Land und sogar ein Tag: die Sprache als Spiegel, in dem man die Belebtheit der Welt sehen kann, das Leben, das durch alle Dinge pulsiert, durch Kiefern und Kleiber und Pilze. *Das* ist die Sprache, die ich in den Wäldern höre; die Sprache, die uns davon sprechen lässt, was überall um uns aus der Tiefe heraufbricht. Und die Überreste der

Internate, die seifenschwingenden Missionarsgeister, lassen geschlagen die Köpfe hängen.

Das ist die Grammatik der Belebtheit. Stell dir vor, du siehst deine Großmutter in der Küchenschürze am Herd stehen und sagst über sie: »Schau, es kocht Suppe. Es hat graue Haare.« Vielleicht kichern wir bei so einem Fehler, aber gleichzeitig erschrecken wir. Auf Englisch bezeichnen wir eine Verwandte oder egal welchen Menschen nicht als *es*. Das wäre äußerst respektlos. *Es* nimmt einem Menschen sein Selbst, das Menschsein, es reduziert die Person auf einen bloßen Gegenstand. Und daher kommt es, dass wir auf Potawatomi und in den meisten anderen indigenen Sprachen für die lebendige Welt dieselben Wörter gebrauchen wie für unsere Familie. Denn sie sind ja unsere Familie.

Was gehört für unsere Sprache alles in die Grammatik der Belebtheit? Natürlich sind Pflanzen und Tiere belebt, aber beim weiteren Lernen erfahre ich, dass das Potawatomi-Verständnis davon, was Belebtheit ausmacht, ganz anders ist als die Liste der Kennzeichen von Lebewesen, die wir alle im Grundkurs Biologie gelernt haben. Im Grundkurs Potawatomi sind Felsen belebt, genauso Berge und Wasser und Feuer und Orte. Wesen, die mit Geist erfüllt sind, unsere heilige Medizin, unsere Gesänge, Trommeln, sogar die Geschichten, alles ist belebt. Die Liste des Unbelebten klingt kürzer, sie besteht aus Objekten, die Menschen gemacht haben. Von einem unbelebten Wesen, etwa einem Tisch, sagen wir: »*Was* ist das?«, und die Antwort ist *Dopwen yewe.* Tisch ist es. Nach einem Apfel aber fragen wir: »*Wer* ist dieses Wesen?« und antworten: *Mshimin yawe.* Apfel dies Wesen ist.

Yawe – das animierte *sein.* Ich bin, du bist, er/sie ist. Wenn wir von denen sprechen, die Leben und Geist besitzen, müssen wir *yawe* sagen. Durch welchen linguistischen Zufall kommen der Jahwe des Alten Testaments und *yawe* aus der Neuen Welt beide aus dem Mund des Ehrerbietigen? Aber bedeutet es eben nicht genau das, was es heißt zu sein, den Atem des Lebens in sich zu tragen, Nachkomme der Schöpfung zu sein? Die Sprache erinnert uns in jedem Satz an unsere Verwandtschaft mit der gesamten belebten Welt.

Eine Sprache wie Englisch bietet nicht sehr viele Mittel, um den Respekt für das Lebendige auszudrücken. Auf Englisch ist man entweder Mensch oder Ding. Wegen seiner Grammatik muss man zwangsläufig ein nicht menschliches Wesen zu einem *it* reduzieren, oder man muss es unpassend als *he* oder *she* gendern. Wo sind unsere Wörter für die Existenz anderer Lebewesen? Wo ist unser *yawe?* Mein Freund Michael Nelson, ein Ethiker, der sich sehr für moralische Inklusion einsetzt, erzählte mir von einer Bekannten, einer Feldbiologin mit dem Arbeitsfeld Nichtmenschliches. Die meisten ihrer Gefährten sind keine Zweibeiner, und ihre Sprache hat sich passend zu diesen Beziehungen verschoben. Sie geht am Wegrand in die Hocke und mustert eine Mäusespur und kommentiert: »Da ist heute Morgen schon jemand hier gewesen.« – »Da ist jemand in meinem Hut«, sagt sie und schüttelt eine Bremse heraus. Jemand, nicht etwas.

Wenn ich mit meinen Studierenden im Wald bin und ihnen die Geschenke der Pflanzen erkläre, und wie man sie beim Namen nennt, versuche ich, bewusst mit meiner Sprache umzugehen, zweisprachig zu sein zwischen der Terminologie der Wissenschaft und der Grammatik der Belebtheit.

Obwohl sie noch wissenschaftliche Regeln und lateinische Namen lernen müssen, hoffe ich, dass ich ihnen auch beibringe, die Welt als Nachbarschaft nicht menschlicher Bewohner zu kennen, zu wissen, dass wir, wie der Theologe und Tiefenökologe Thomas Berry schreibt, »vom Universum sagen müssen, dass es eine Gemeinschaft von Subjekten ist, nicht eine Ansammlung von Objekten«.

Eines Tages saß ich mit meinen Studierenden aus der Feldökologie neben einem *wiikwegamaa* und erzählte von dieser Vorstellung einer belebten Sprache. Ein junger Mann, Andy, dessen Füße im klaren Wasser planschten, stellte die ganz große Frage. »Moment mal«, sagte er, während er seinen Verstand um diese linguistische Unterscheidung wand, »heißt das nicht, dass das Englische, das wir sprechen und denken, uns gewissermaßen die Erlaubnis gibt, der Natur gegenüber respektlos zu sein? Indem wir allen anderen das Recht absprechen, Person zu sein? Wäre nicht alles ganz anders, wenn nichts ein *it* wäre?«

Hingerissen von diesem Gedanken meinte er, es fühle sich für ihn an wie ein Erwachen. Eher wie ein Erinnern, denke ich. Die Belebtheit der Welt kennen wir schon, aber die Sprache der Belebtheit steht am Rand der Ausrottung – nicht nur für indigene Völker, sondern für alle. Unsere Kleinkinder reden von Pflanzen und Tieren, als wären sie Personen, sie geben ihnen ein Selbst, einen Willen und Mitgefühl – bis wir ihnen beibringen, das nicht zu tun. Wir erziehen sie schnellstens um und sorgen dafür, dass sie vergessen. Wenn wir ihnen sagen, dass ein Baum kein *wer* ist, sondern ein *was*, machen wir diesen Ahorn zum Objekt; wir errichten einen Zaun zwischen uns, der uns von moralischer Verantwortung freispricht und die Tür zur Ausbeutung öffnet. Wer *it* sagt, macht lebendiges Land zu »natürlichen Ressourcen«. Wenn ein Ahorn *it* ist, können wir zur Kettensäge greifen. Wäre ein Ahorn *she*, würden wir zweimal überlegen.

Eine andere Studentin erwiderte auf Andys Argument. »Aber wir können doch nicht *he* oder *she* sagen. Das wäre ja Anthropomorphismus.« Sie sind alle brave Biologen, denen unmissverständlich beigebracht wurde, dass sie menschliche Merkmale nie einem Untersuchungsgegenstand oder einer anderen Art zuschreiben sollen. Das wäre ein Kardinalfehler, der zum Verlust der Objektivität führt. Carla erläuterte: »Das ist auch respektlos den Tieren gegenüber. Wir sollen nicht unsere Wahrnehmung auf sie projizieren. Sie machen das auf ihre Weise – sie sind nicht einfach Menschen in Pelzkostümen.« Andy entgegnete: »Aber nur, weil wir sie nicht als Menschen betrachten, heißt das doch nicht, dass sie nicht Wesen sind. Ist es nicht noch respektloser, anzunehmen, dass wir die einzige Art sind, in der wir als ›Personen‹ zählen?« Die Arroganz des Englischen

liegt darin, dass die einzige Möglichkeit, belebt zu sein, Respekt und moralisches Mitgefühl zu verdienen, darin besteht, Mensch zu sein.

Ein Sprachlehrer erklärte mir einmal, dass Grammatik nur die Art und Weise ist, wie wir in der Sprache Beziehungen erfassen. Vielleicht spiegelt sie auch unser Verhältnis zueinander. Vielleicht könnte eine Grammatik der Belebtheit uns dazu bringen, ganz neue Lebensformen in der Welt zu sehen, andere Arten als souveränes Volk, eine Welt mit einer Demokratie der Arten, nicht der Diktatur einer einzigen – mit moralischer Verantwortung gegenüber Wasser und Wölfen, und mit einem Rechtssystem, das den Status anderer Arten anerkennt. Es liegt alles in den Pronomen.

Andy hat recht. Die Grammatik der Belebtheit zu lernen, könnte durchaus ein Mittel sein, um unsere gedankenlose Ausbeutung des Bodens einzuschränken. Doch da ist noch mehr. Unsere Ältesten geben Ratschläge wie: »Du solltest zu den stehenden Menschen gehen« oder »Bleib einige Zeit beim Bibervolk«. Sie erinnern uns daran, dass andere unsere Lehrer sein können, Hüter des Wissens, Führer. Stellen wir uns vor, wir liefen durch eine reich bewohnte Welt aus Birkenmenschen, Bärenmenschen, Felsenmenschen, Wesen, über die wir nachdenken und daher als Personen sprechen, die unseren Respekt verdienen, von Inklusion in einer bevölkerten Welt. Wir

Amerikaner sträuben uns, fremde Sprachen unserer eigenen Art zu lernen, geschweige denn einer anderen Art. Doch überlegen wir uns einmal, was das möglich machen würde. Überlegen wir uns, welchen Zugang wir zu unterschiedlichen Perspektiven hätten, was wir durch andere Augen sehen könnten, die Weisheit, die uns umgibt. Wir müssen nicht alles selbst herausfinden: Es gibt andere Intelligenzen als unsere, wir sind umgeben von Lehrern. Stellen wir uns vor, wie viel weniger einsam die Welt dadurch wäre.

Jedes Wort, das ich lerne, ist begleitet von einem Hauch der Dankbarkeit gegenüber unseren Ältesten, die diese Sprache am Leben erhalten und ihre Poesie weitergereicht haben. Ich kämpfe immer noch sehr mit den Verben, kann kaum Sätze bilden, und benutze immer noch überwiegend mein Kindergartenvokabular. Aber ich mag, dass ich morgens meinen Spaziergang um die Wiese machen und die Nachbarn mit Namen begrüßen kann. Wenn ein Rabe mir aus der Hecke zukrächzt, kann ich zurückrufen: *Mno gizhget andushukwe!* Ich kann mit der Hand über das weiche Gras fahren und flüstern: *Botho mishkos*. Es ist nur eine Kleinigkeit, aber es macht mich glücklich.

Ich plädiere nicht dafür, dass wir alle Potawatomi oder Hopi oder Seminole lernen sollen, selbst wenn wir es könnten. In dieses Land sind Einwanderer gekommen, die ihr eigenes Erbe von Sprachen mitbrachten, und jede von ihnen hat ihren

Wert. Aber, um an diesem Ort heimisch zu werden, damit wir hier überleben, und unsere Nachbarn auch, müssen wir lernen, die Grammatik der Belebtheit zu sprechen, damit wir hier wirklich zu Hause sind.

Ich erinnere mich an die Worte von Bill Tall Bull, einem Cheyenne-Anführer. Als junges Mädchen erzählte ich ihm einmal schweren Herzens, dass ich keine indigene Sprache hatte, in der ich mit den Pflanzen und Orten sprechen konnte, die ich liebte. »Sie lieben es, die alte Sprache zu hören«, sagte er, »das stimmt. Aber«, fügte er mit einem Finger auf den Lippen hinzu, »du darfst sie nicht hier sprechen. Wenn du sie hier sprichst«, und er klopfte sich auf die Brust, »dann hören sie dich.«

DIE EHRENHAFTE ERNTE

Die Krähen sehen mich über das Feld kommen, eine Frau mit einem Korb, und kommentieren laut krächzend meine Ankunft. Der Boden unter meinen Füßen ist hart und kahl bis auf ein paar verteilte, vom Pflug zerkratzte Felsbrocken und ein paar Maisstängel von letztem Jahr; die Überreste der Stützwurzeln sehen aus wie verblichene Spinnenbeine. Der jahrelange Einsatz von Herbiziden und der ständige Anbau von Mais haben das Feld unfruchtbar gemacht. Sogar in diesem regennassen April zeigt sich nicht ein grüner Halm. Im August wird hier wieder eine Monokultur aus Maispflanzen stehen, in geraden Reihen ewiger Knechtschaft; doch bis dahin nutze ich das Feld als Abkürzung in den Wald.

Mein Krähengefolge verlässt mich am Steinwall, einem lockeren Haufen aus eiszeitlichem Geröll, das aus dem Feld geharkt und als Markierung entlang der Grenze angehäuft wurde. Der Waldboden dahinter ist weich und tiefgründig von jahrhundertealtem Laubhumus, besprenkelt mit winzigen rosa Tellerkräutern und Büscheln gelber Veilchen. Auf dem Humus flirren Hundszahn und Waldlilien, bereit, sich jeden Moment durch den winterbraunen Laubteppich emporzurecken. Eine Walddrossel legt ein silbernes Trillern über die noch kahlen Äste der Ahorne. Mit als Erstes erscheinen im Frühling die dichten Bestände von wildem Lauch, einer Bärlauch ähnlichen Pflanze, bei der Knollen und Blätter essbar sind, in einem so strahlenden Grün, dass sie wie eine Leuchtreklame verkünden: PFLÜCK MICH!

Ich widerstehe dem Drang, sofort auf seinen Ruf zu reagieren, und spreche die Pflanzen stattdessen an, so, wie es mir beigebracht wurde: Ich stelle mich vor, für den Fall, dass sie meinen Namen vergessen haben, obwohl wir uns seit Jahren kennen. Ich erkläre, warum ich hier bin, und bitte um die Erlaubnis, zu ernten, frage höflich, ob sie bereit sind zu teilen.

Wilder Lauch ist ein Frühlingshappen, der die Grenze zwischen Nahrung und Medizin verwischt. Er weckt den Körper aus seiner Winterstarre und holt ihn ins Leben zurück. Aber ich brauche noch etwas anderes, was nur Pflanzen aus genau diesem Wald erreichen können. Meine beiden Töchter kommen übers Wochenende aus der Ferne nach Hause. Ich bitte diesen wilden

Lauch, die Bindung zwischen diesem Boden und meinen Kindern zu erneuern, so dass sie in ihren Knochen immer die Substanz der Heimat tragen. Einige Blätter sind schon entfaltet – sie recken sich der Sonne entgegen –, andere dagegen sind noch zu einem Speer aufgerollt, um durch den hohen Humus nach oben zu stechen. Ich grabe meinen kleinen Spaten in den Rand des Horstes, aber die Pflanzen sind fest verwurzelt und sitzen so dicht, dass sie meinem Rütteln widerstehen. Der Spaten ist wirklich klein und tut mir in der

vom Winter weich gewordenen Hand weh, aber schließlich ziehe ich eine Gruppe wilder Lauchzwiebeln heraus und schüttelte die dunkle Erde ab.

Ich hatte eine Knolle mit dicken weißen Zehen erwartet, aber da, wo sie sein sollten, finde ich nur ausgefranste, papierartige Blattscheiden. Sie sehen so welk und schlaff aus, als wäre schon aller Saft aus ihnen herausgesaugt worden. Und so ist es auch. Wenn man um Erlaubnis fragt, muss man auch auf die Antwort hören. Ich stecke sie in den Boden zurück und gehe nach Hause. Am Steinwall brechen gerade die Holunderknospen auf, und ihre embryonalen Blätter spitzen heraus wie lila Handschuhe.

An einem Tag wie diesem, wenn die Farnspitzen sich entrollen und die Luft so weich ist wie Blütenblätter, vergehe ich vor Sehnsucht. Ich weiß ja: »Du sollst nicht begehren deines Nächsten Chloroplasten«, aber trotzdem muss ich mich zu einem ausgewachsenen Chlorophyll-Neid bekennen. Manchmal wünsche ich mir, ich könnte auch Photosynthese betreiben und einfach nur durch mein Dasein, nur indem ich am Rand der Wiese blinke oder faul auf einem Teich schwimme, die Arbeit für die Welt erledigen, während ich still in der Sonne stehe. Die schattigen Schierlingstannen und die wogenden Gräser fädeln Zuckermoleküle auf und reichen sie an hungrige Mäuler und Mundwerkzeuge weiter, während sie den Singvögeln lauschen und zusehen, wie das Licht auf dem Wasser tanzt.

Es wäre so befriedigend, zum Wohlergehen der anderen beizutragen – wieder eine Mutter zu sein, wieder gebraucht zu werden. Schatten, Medizin, Beeren, Wurzeln; es würde nie aufhören. Als Pflanze könnte ich das Lagerfeuer nähren, das Nest halten, die Wunde heilen, den Kessel bis zum Rand füllen.

Doch diese Freigebigkeit geht über meine Kräfte, denn ich bin absolut heterotroph, ernähre mich von Kohlehydraten, die sämtlich von anderen generiert wurden. Um zu leben, muss ich konsumieren. So funktioniert die Welt, im Austausch: Leben für Leben, ein unendlicher Kreislauf zwischen meinem Körper und dem Körper der Welt. Wenn ich wählen müsste, muss ich gestehen, dass mir mein heterotrophes Leben eigentlich ganz lieb ist. Und wenn ich Photosynthese betreiben könnte, könnte ich schließlich keinen wilden Lauch essen.

So lebe ich also mittelbar dank der Photosynthese anderer. Ich bin nicht das pulsierende Laub auf dem Waldboden – ich bin die Frau mit dem Korb, und die Frage, wie ich ihn fülle, ist sehr bedeutsam. Wenn wir ganz ehrlich sind, stehen wir vor einer moralischen Frage: Dürfen wir Leben, das uns umgibt, zerstören, um unser eigenes zu erhalten? Ob wir wilden Lauch ausgraben oder in den Supermarkt gehen – wie konsumieren wir so, dass wir dem Leben, das wir nehmen, gerecht werden?

Unsere ältesten Geschichten erinnern uns daran, dass diese Frage für unsere Vorfahren von immenser Bedeutung war. Wenn wir uns umfänglich auf das Leben anderer verlassen, müssen wir diese anderen dafür bedingungslos schützen. Unsere Vorfahren mit ihrem wenigen materiellen Besitz schenkten dieser Frage große Aufmerksamkeit, während wir, obwohl wir im Besitz ertrinken, kaum einen Gedanken darauf verwenden. Ja, die kulturelle Landschaft mag sich verändert haben, aber die große Frage ist immer noch dieselbe – wir müssen das unausweichliche Dilemma lösen, das darin liegt, dass wir das Leben um uns herum ehren und es zugleich verbrauchen müssen, um davon zu leben: Das gehört zu unserem Menschsein.

Ein paar Wochen später nehme ich wieder meinen Korb und überquere das Feld, das noch immer kahl ist, während der Boden hinter dem Steinwall unter schneeweißen Waldlilienblüten versinkt wie unter einer verspäteten Schneedecke. Ich muss aussehen wie eine Balletttänzerin, wie ich auf den Zehenspitzen durch die zarten Kapuzen-Herzblumen hüpfe, durch die geheimnisvollen blauen Triebe der Trauben-Silberkerze, Flecken mit Kanadischer Blutwurz und die grünen Triebe von Dreiblatt-Feuerkolben und Maiapfel, die durch das Laub am Boden ragen. Ich begrüße sie einzeln und habe das Gefühl, auch sie freuen sich, mich zu sehen.

Wir sollen nur nehmen, was uns geschenkt ist, und als ich letztes Mal hier war, hatte der wilde Lauch nichts zu verschenken. Blumenzwiebeln lagern Energie für die nächste Generation so ein, wie wir Geld in den Banktresor legen. Letztes Jahr waren die Lauchzehen glatt und prall, aber an den ersten Frühlingstagen wird das Ersparte geplündert, weil die Wurzeln ihre eingelagerte Energie in die sprießenden Blätter senden, um die Reise aus dem Boden in den Sonnenschein zu befeuern. In ihren ersten Lebenstagen sind die Blätter Konsumenten, sie nehmen von der Wurzel, lassen sie

verschrumpeln und geben nichts zurück. Doch sobald sie sich auffalten, werden sie zu mächtigen Solaranlagen, die die Wurzeln wieder mit Energie beliefern, und praktizieren damit innerhalb weniger Wochen den Austausch zwischen Konsum und Produktion.

Heute ist der wilde Lauch doppelt so groß wie bei meinem ersten Besuch, und wo ein Hirsch die Blätter geknickt hat, ist der scharfe Geruch unverkennbar. Ich lasse die erste Ansammlung stehen und gehe bei der zweiten in die Knie. Wieder bitte ich ruhig um Erlaubnis.

Um Erlaubnis zu bitten, zollt der Person der Pflanze Respekt, aber es dient auch dazu, den Zustand der Population zu beurteilen. Ich muss also meine beiden Gehirnhälften benutzen, wenn ich die Antwort verstehen will. Die analytische linke Gehirnhälfte liest die empirischen Daten ab, nach denen ich abschätze, ob die Population so groß und gesund ist, dass sie eine Beerntung vertragen kann, ob sie genug hat, um zu teilen. Die intuitive rechte Gehirnhälfte sucht nach etwas anderem, einem Gefühl von Freigebigkeit, einem Strahlen von offenen Händen, das sagt: *nimm mich*, oder eben manchmal ein schmallippiges Widerstreben, das mich meinen Spaten wegstecken lässt. Ich kann es nicht erklären, aber für mich ist das eine Art Wissen, das genauso bindend ist wie ein Betreten-verboten-Schild. Als ich diesmal mit meinem kleinen Spaten grabe, kommt eine dicke

Knolle mit glitzernd weißen Zehen, rund, glatt und duftend zum Vorschein. Ich höre ein Ja, und da lege ich ein Geschenk aus dem weichen alten Tabaksbeutel ab, den ich in der Tasche habe, und grabe weiter.

Wilder Lauch ist eine Klonpflanze, er vermehrt sich durch Teilung und breitet sich so immer weiter aus. In der Mitte einer Ansammlung steht er daher häufig sehr dicht, weshalb ich versuche, dort zu ernten. Indem ich etwas wegnehme, kann ich so das Wachstum der übrigen Pflanzen fördern, weil ich sie ausdünne. Von den Zwiebeln der Prärielilien bis zum Süßgras, von Blaubeeren zur Korbweide entwickelten unsere Vorfahren Erntemethoden, die Pflanzen und Menschen langfristig nützten.

Ein scharfer Spaten würde das Graben zwar deutlich erleichtern, aber in Wirklichkeit käme man damit viel zu schnell voran. Wenn ich all die Zehen, die ich brauche, innerhalb von fünf Minuten ernten könnte, würde ich dadurch die Zeit verlieren, in der ich auf den Knien sitzend zusehen kann, wie der Ingwer sprießt, und horchen, wie der eben heimgekehrte Baltimoretrupial sein Liedchen trällert. Ich entscheide mich ganz bewusst für »Slow Food«. Außerdem könnte es bei dem einfachen Technologiesprung auch ganz leicht passieren, dass ich die Nachbarpflanzen durchtrenne und zu viel nehme. Überall im Land verlieren die Wälder ihre wilden Lauchbestände, weil die Leute ihn zum Aussterben lieben. Dass das Graben mühsam bleibt, ist eine wichtige Einschränkung. Es soll nicht alles einfach sein.

Das traditionelle ökologische Wissen indigenen Erntens enthält eine Vielfalt von Vorschriften, die der Nachhaltigkeit dienen. Sie finden sich in der indigenen Wissenschaft und Philosophie, in Lebensgewohnheiten und Bräuchen, vor allem aber in den Geschichten, die erzählt werden, damit das Gleichgewicht wiederhergestellt wird, damit wir selbst uns wieder im Kreis verorten.

Der Anishinaabe-Gelehrte Basil Johnston erzählt von der Zeit, in der unser Lehrer Nanabozho sein Mittagessen im See fischte, wie er es oft tat, mit Schnur und Haken. Da kam auf seinen langen, geknickten Beinen ein Reiher durch das Schilf, sein Schnabel scharf wie ein Speer. Der Reiher ist ein guter Fischer und ein freigebiger Freund, und so erzählte er Nanabozho von einer neuen Art zu fischen, die ihm das Leben sehr erleichtern würde. Der Reiher warnte ihn, nur nicht zu viele Fische zu fangen, doch Nanabozho war in Gedanken schon ganz beim bevorstehenden Festmahl. Früh am nächsten Morgen ging er hinaus und hatte bald einen ganzen Korb voller Fische, so schwer, dass er ihn kaum tragen konnte, und viel mehr, als er essen konnte. Er nahm also all diese Fische aus und legte sie vor seiner Hütte auf Gestellen zum Trocknen aus. Tags darauf ging er mit immer noch vollem Magen wieder hinaus an den See und fischte wieder so, wie der Reiher es ihm gezeigt hatte. »Aah«, dachte er, während er die Fische nach Hause trug, »diesen Winter habe ich jede Menge zu essen.«

Einen Tag nach dem anderen stopfte er sich voll, und während der See sich leerte, füllten sich seine Trockengestelle; von dort wehte köstlicher Duft bis in den Wald, wo ein Fuchs sich die Lefzen leckte. Wieder ging Nanabozho zum See, zufrieden mit sich selbst. Doch an diesem Tag blieben seine Netze leer, und der Reiher blickte auf seinem Flug über den See mit einem prüfenden Blick auf ihn hinab. Als Nanabozho zu seiner Hütte zurückkam, lernte er eine Grundregel – nimm nie mehr, als du brauchst. Die Fischgestelle lagen im Dreck, und nicht ein Bissen war mehr übrig.

Warnende Geschichten über die Folgen der Gier sind in indigenen Kulturen allgegenwärtig, aber auf Englisch fällt mir kaum eine ein. Vielleicht erklärt das zum Teil, warum wir offenbar in der Falle des Überkonsums stecken; und der ist für uns selbst genauso destruktiv wie für die, die wir konsumieren.

Zusammenfassen lässt sich der Kanon indigener Prinzipien und Praktiken, die den Austausch von Leben gegen Leben gestalten, mit dem Begriff der Ehrenhaften Ernte *(Honorable Harvest)*. Dabei handelt es sich um Verhaltensregeln, die unser Nehmen anleiten, unsere Beziehungen zur Natur gestalten und unserer Neigung zum Konsum

Zügel anlegen – damit die Welt für unsere Enkel in der siebten Generation noch genauso reich ist wie für uns. Im Detail sind diese Regeln sehr spezifisch auf verschiedene Kulturen und Ökosysteme ausgerichtet, doch die Grundprinzipien sind bei Völkern, die in engem Kontakt mit dem Land leben, beinahe universell.

Ich selbst bin in dieser Denkform Schülerin, nicht Lehrerin. Als Mensch, der keine Photosynthese praktizieren kann, muss ich mich anstrengen, um an der Ehrenhaften Ernte mitzuwirken. Daher schaue und lausche ich aufmerksam auf die, die so viel weiser sind als ich. Was ich hier weitergebe, so, wie sie es an mich weitergegeben haben, sind Samen, die ich von den Feldern ihrer kollektiven Weisheit geklaubt habe, die dünnste Oberfläche, das Moos auf dem Berg ihres Wissens. Ich bin dankbar für ihre Weisungen und verantwortlich dafür, sie nach bestem Wissen und Gewissen weiterzugeben.

Eine meiner Freundinnen ist Bürgermeisterin in einem kleinen Dorf in den Adirondack Mountains. Im Sommer und Herbst stehen die Leute vor ihrer Tür Schlange, um sich ihre Angel- und Jagdscheine zu holen. Zusammen mit dem laminierten Ausweis überreicht sie immer auch die staatlichen Jagdvorschriften, eine Broschüre im Taschenbuchformat, in Schwarz-Weiß auf dünnes Zeitungspapier gedruckt, dazu Farbtafeln mit Fotos der aktuellen Beutetiere, nur falls die

Leute nicht wissen, worauf sie schießen. Das gibt es tatsächlich: Jahr für Jahr kursieren Geschichten von triumphierenden Hirschjägern, die mit einem jungen Jersey-Rind an der Heckklappe auf der Autobahn angehalten werden.

Ein Freund von mir arbeitete einmal in der Feldhuhn-Jagdzeit an einer Kontrollstation. In einem dicken weißen Oldsmobile kam ein Typ angefahren und öffnete stolz seinen Kofferraum, um seine Beute inspizieren zu lassen. Die Vögel waren alle ordentlich auf Segeltuch ausgelegt, Rücken an Rücken mit kaum zerzaustem Gefieder, ein ganzer Schwarm von – Goldspechten.

Auch traditionelle Völker, die ihre Familien durch Landbau ernähren, haben Jagd- und Ernteregeln in Form von detaillierten Protokollen, um Gesundheit und Vitalität der wilden Arten zu erhalten. Wie staatliche Regularien beruhen auch sie auf umfassendem ökologischem Wissen und einem langfristigen Monitoring der Populationen. Gemeinsam ist ihnen das Ziel, zu schützen, was in der Waidmannssprache »Hege« heißt, und zwar sowohl zu deren Schutz als auch zur Erhaltung einer nachhaltigen Ressource für künftige Generationen.

Frühe Siedler auf der Schildkröteninsel staunten über die Fülle, die sie dort vorfanden, für sie das Zeichen einer besonders üppigen Natur. Siedler an den Großen Seen schrieben in ihren Tagebüchern über die riesigen Mengen von Wildreis, die die indigenen Völker ernteten; in wenigen Tagen befüllten sie ihre Kanus mit Reis, der für ein ganzes Jahr reichte. Doch gleichzeitig beobachteten die Siedler verblüfft, dass, wie eine von ihnen schrieb, »die Wilden mit dem Sammeln aufhörten, als noch lange nicht der ganze Reis geerntet war«. Weiter beobachtete sie: »Die Reisernte beginnt mit einer Dank-Zeremonie und Gebeten für gutes Wetter an den folgenden vier Tagen. An den festgelegten vier Tagen ernten sie von der

Morgen- bis zur Abenddämmerung, dann hören sie auf, und oftmals lassen sie viel Reis ungeerntet stehen. Dieser Reis, sagen sie, ist nicht für sie, sondern für die Donnerwesen. Durch nichts lassen sie sich dazu bewegen, weiterzumachen, weshalb große Mengen verderben.« Die Siedler interpretierten das als Beweis für die Faulheit und den fehlenden Fleiß der Heiden. Sie begriffen nicht, wie die indigenen Praktiken des Landbaus zu dem Überfluss, den sie vorfanden, beitrugen.

Einmal lernte ich einen Maschinenbau-Studenten aus Europa kennen, der mir aufgeregt erzählte, er werde mit der Ojibwe-Familie seiner Freundin in Minnesota an der Reisernte teilnehmen. Er war ganz versessen darauf, ein Stück indigene amerikanische Kultur kennenzulernen. Im Morgengrauen waren sie am See, den ganzen Tag stakten sie durch die Reisfelder und schüttelten die reifen Körner ins Kanu. »Es dauerte nicht lang, bis wir ziemlich viel gesammelt hatten«, berichtete er, »aber besonders effizient war es nicht. Mindestens die Hälfte vom Reis fiel einfach ins Wasser, aber das störte sie anscheinend gar nicht. Was für eine Verschwendung.« Zum Dank bot er seinen Gastgebern, einer traditionellen Reisbauernfamilie, an, ein Auffangsystem zu entwickeln, das sie am Dollbord ihrer Kanus befestigen könnten. Er fertigte ihnen eine Skizze an, zeigte ihnen, dass sie mit dieser Technik 85 Prozent mehr Reis ernten könnten. Seine Gastgeber hörten ihm respektvoll zu, dann erklärten sie: »Ja, so könnten wir mehr Reis ernten. Aber er muss ja nächstes Jahr selbst wieder austreiben. Und was wir übrig lassen, ist nicht verschwendet. Weißt du, wir sind hier nicht die Einzigen, die gerne Reis ernten. Meinst du, die Enten würden noch hier Rast machen, wenn wir alles wegnehmen würden?« Unsere Vorschriften lehren uns, nie mehr zu nehmen als die Hälfte.

Als in meinem Korb genug wilder Lauch fürs Abendessen ist, gehe ich nach Hause. Auf dem

Weg durch das Blumenmeer sehe ich einen ganzen Flecken von Schwarzer Schlangenwurzel, die ihre leuchtenden Blätter ausstreckt; das erinnert mich an eine Geschichte, die mir eine Kräuterheilerin aus meiner Bekanntschaft einmal erzählt hat. Sie lehrte mich eine der Grundregeln beim Pflanzensammeln: »Nimm nie die erste Pflanze, die du findest, denn vielleicht ist es die letzte – und du willst ja, dass die erste bei ihren Artgenossen gut von dir redet.« Das ist nicht allzu schwierig, wenn man an eine ganze Uferböschung voller Huflattich gerät, wenn gleich hinter dem ersten noch ein dritter und ein vierter steht, aber es ist deutlich schwerer, wenn die Pflanzen selten sind und der Appetit groß.

»Einmal träumte ich von Schlangenwurzel und dass ich sie auf eine Reise mitnehmen sollte, die ich für den nächsten Tag plante. Irgendjemand brauchte sie, aber ich wusste nicht, wofür. Allerdings war es noch zu früh für die Pflanze. Die Blätter würden noch etwa eine Woche brauchen. Vielleicht gab es irgendwo eine Stelle, wo sie schon auf waren, vielleicht an einem sonnigen Standort; also zog ich los und sah an den Orten nach, wo ich dieses Heilkraut normalerweise pflücke.« Die Blutwurz war da, erinnerte sich die Kräuterheilerin, und die Tellerkräuter. Sie grüßte sie im Vorbeigehen, sah aber nirgends die Pflanze, die sie suchte. Sie ging langsamer, ließ ihre Augen ins periphere Sehen gleiten, öffnete all ihre Sinne, suchte mit ihrem ganzen Körper. Im Südosten, dicht an den Fuß eines Ahorns geduckt, machte die Schlangenwurzel sich sichtbar, eine glänzende Masse dunkelgrüner Blätter. Lächelnd ging sie in die Knie, sprach ganz ruhig. Sie dachte an den nächsten Tag, den leeren Beutel in ihrer Tasche, und dann erhob sie sich langsam wieder. Auf ihren vom Alter schon steifen Knien ging sie davon, denn sie verbat es sich, die erste zu nehmen.

Sie streifte durch den Wald, bewunderte die Waldlilien, die eben die Köpfe reckten. Und den wilden Lauch. Doch Schlangenwurzel fand sie keine mehr. »Ich begriff, dass ich wohl ohne auskommen musste. Ich war schon halb zu Hause, da merkte ich, dass ich meine kleine Schaufel verloren hatte, mit der ich immer die Kräuter ausgrabe. Also musste ich zurück. Ich fand sie auch ganz schnell – sie hat einen roten Griff, der war leicht zu sehen. Und weißt du, sie war mir aus der Tasche direkt in eine Gruppe Schlangenwurzel gefallen. Also redete ich mit dieser Pflanze, sprach sie an wie einen Menschen, dessen Hilfe man braucht, und sie gab mir ein bisschen von sich. Und am nächsten Tag traf ich tatsächlich eine Frau, die diese Schlangenwurzel brauchte, und ich konnte das Geschenk weiterreichen. Diese Schlangenwurzel hat es mir wieder gezeigt: Wenn wir respektvoll ernten, helfen uns die Pflanzen.«

Die Grundregeln der Ehrenhaften Ernte sind nirgends niedergeschrieben, ja sie werden noch nicht einmal als Ganzes mündlich überliefert – man prägt sie sich in kleinen Alltagshandlungen ein. Wollte man sie aber doch auflisten, so könnte das ungefähr so aussehen:

Wisse um die Lebensweise derer, die für dich sorgen, damit du auch für sie sorgen kannst.

Stell dich vor. Mach dir klar, dass du derjenige bist, der um Leben bittet.

Bitte um Erlaubnis, bevor du nimmst. Hör auf die Antwort.
Nimm nie das Erste. Nimm nie das Letzte.

Nimm nur, was du brauchst.

Nimm nur, was dir geschenkt wird.

Nimm nie mehr als die Hälfte. Lass etwas für die anderen übrig.

Ernte so, dass du möglichst wenig Schaden anrichtest.

Nutze es respektvoll. Verschwende nie, was du genommen hast.

Teile.

Danke für das, was dir geschenkt wurde.

Hinterlasse ein Gegengeschenk für das, was du genommen hast.

Erhalte die, die dich erhalten, und die Erde wird für immer bleiben.

Die staatlichen Jagdverordnungen und die Sammelvorschriften beziehen sich ausschließlich auf den biophysikalischen Bereich, während die Regeln der Ehrenhaften Ernte sich auf Verantwortlichkeiten gegenüber der physikalischen *und* der metaphysischen Welt gründen. Ein anderes Leben zu benutzen, um sein eigenes zu erhalten, ist sehr viel gravierender, wenn man die Wesen, die geerntet werden, als Personen wahrnimmt, als nicht menschliche Personen, die mit Bewusstsein, Intelligenz und Geist ausgestattet sind – und die zu Hause von ihren Familien erwartet werden. *Jemanden* zu töten, ist etwas anderes, als *etwas* zu töten. Wenn man diese nicht menschlichen Personen als Verwandte betrachtet, betreffen die Ernte- und Jagdregeln mehr als den genehmigten Abschuss und die Schonzeiten.

Die staatlichen Jagdverordnungen listen illegale Praktiken auf: »Die Entnahme einer Regenbogenforelle, die das Mindestmaß von 30 Zentimetern von der Maulspitze bis zur Schwanzflosse unterschreitet, ist verboten.« Regelverstöße werden klar benannt und führen zur Verhängung von Bußgeldern nach einem Besuch Ihres freundlichen Umweltschutzbeauftragten. Anders als die staatlichen Jagdverordnungen ist die Ehrenhafte Ernte keine einklagbare gesetzliche Regelung, sondern eine Vereinbarung zwischen Menschen und insbesondere zwischen Konsumenten und Lieferanten. Den ersten Schritt machen die Lieferanten. Hirsch, Stör, Beeren und Lauch sagen: »Wenn ihr euch an diese Regeln haltet, geben wir weiter unser Leben, damit ihr leben könnt.«

Eine unserer mächtigsten Fähigkeiten ist die Vorstellungskraft. Was wir uns vorstellen, können wir werden. Ich stelle mir gerne vor, wie es wäre, wenn die Ehrenhafte Ernte in unserem Land heute Gesetz wäre, wie früher. Stellen wir uns vor, ein Bauunternehmen müsste, wenn ihm ein Gelände für eine Shopping Mall ins Auge fällt, Goldruten, Lärchenstärlinge und Monarchfalter um Erlaubnis bitten, ihre Heimat zu benutzen. Und es müsste sich mit der Antwort abfinden. Warum auch eigentlich nicht?

Ich stelle mir gern einen laminierten Ausweis vor, wie der, den meine Freundin, die Bürgermeisterin, als Jagd- und Angelschein verteilt, und darauf stünden die Regeln der Ehrenhaften Ernte. Jeder wäre an dieselben Gesetze gebunden, denn schließlich sind sie vorgegeben von der *wahren* Regierung: der Demokratie der Lebewesen, den Gesetzen von Mutter Natur.

Wenn ich unsere Ältesten frage, wie unser Volk lebte, um die Welt intakt und gesund zu erhalten, höre ich von der Weisung, nur zu nehmen, was man braucht. Doch wir menschlichen Personen, Nachkommen von Nanabozho, kämpfen wie er mit unserer Gier. Die Formulierung, nur zu nehmen, was man braucht, lässt schließlich einen großen Interpretationsspielraum, in dem unsere Bedürfnisse sich mit unserem Begehren stark vermischen können.

In dieser Grauzone gelangen wir dann zu einer noch grundlegenderen Regel als der des Bedürfnisses, einem alten Grundsatz, der im Getöse von Industrie und Technologie beinahe in Vergessenheit geraten ist. Diese uralte Regel ist in Kulturen, die die Dankbarkeit pflegen, tief verwurzelt: Es genügt nicht, nur zu nehmen, was wir brauchen, sondern wir sollen nur nehmen, was uns geschenkt wird.

Auf der Ebene der menschlichen Interaktionen handeln wir schon so. Genau das bringen wir unseren Kindern bei. Wenn wir unsere liebe Oma besuchen, und sie bietet auf ihrem liebsten Porzellanteller selbst gebackene Kekse an, dann wissen wir, was zu tun ist. Wir nehmen sie mit vernehmlichem »Dankeschön« und freuen uns über die Beziehung, die durch Zimt und Zucker gestärkt wird. Dankbar nehmen wir, was uns geschenkt wurde. Nicht im Traum würde es uns einfallen, über Omas Vorratskammer herzufallen und einfach unaufgefordert alle Kekse mitzunehmen und auch gleich noch ihren Porzellanteller einzustecken. Das wäre zumindest ein Verstoß gegen die Manieren, ein Affront gegen die liebevolle Beziehung. Vor allem aber wäre Oma tief verletzt und würde uns so bald keine Kekse mehr backen. Als Zivilisation sind wir aber offenbar nicht in der Lage, diese guten Manieren auf die Natur zu übertragen. Lebenspraxis ist heute die ehrlose Ernte – wir nehmen, was uns nicht gehört, und zerstören es unwiederbringlich: den Onondaga Lake, die Athabasca-Ölsande, die Regenwälder in Malaysia, die Liste ist unendlich. Das alles sind Geschenke unserer lieben Großmutter Erde, die wir uns holen, ohne zu fragen. Wie finden wir wieder zur Ehrenhaften Ernte?

Wenn wir Beeren pflücken oder Nüsse sammeln, ist es absolut sinnvoll, nur zu nehmen, was uns geschenkt wird. Sie bieten ihre Gaben selbst an, und indem wir sie nehmen, erfüllen wir unsere gegenseitige Verantwortung. Schließlich produzieren die Pflanzen diese Früchte eigens mit dem Ziel, dass wir sie nehmen, verteilen und pflanzen. Indem wir ihr Geschenk annehmen, nützen wir beiden Arten, und das Leben wird gestärkt. Doch wie liegen die Dinge, wenn etwas genommen wird, ohne dass sich daraus eindeutig ein gegenseitiger Nutzen ergibt, wenn dadurch etwas kaputtgeht?

Wie können wir unterscheiden zwischen dem, was uns von der Erde geschenkt wird, und dem, was uns nicht geschenkt wird? Wann wird das

Nehmen regelrecht zum Diebstahl? Ich denke, unsere Ältesten würden sagen, es gibt nicht den einen Weg, sondern jeder von uns muss seinen eigenen finden. Als ich mich mit dieser Frage trug, fand ich Sackgassen und offene Durchgänge. Die Suche nach einer klaren Erkenntnis, was das alles bedeutet, ist, als müsste man sich einen Weg durch dichtes Unterholz bahnen. Doch manchmal ahne ich einen Trampelpfad.

Es ist ein diesiger Oktobertag in der Jagdsaison, und wir sitzen auf der Schwelle des Kochhauses am Onondaga Lake. Während die goldenen Blätter zu Boden rieseln, lauschen wir den Männern und ihren Geschichten. Jake, ein rotes Tuch ums Haar gebunden, bringt alle zum Lachen mit seiner Geschichte über Juniors unwiderstehlichen Truthahnruf. Die Füße auf dem Geländer, den schwarzen Zopf über der Stuhllehne, erzählt Kent vom Verfolgen einer Blutspur im Neuschnee, Bärenspuren, und dem einen, der davonkam. Die meisten in der Runde sind jung und müssen sich ihren Ruf noch verdienen, daneben sitzt ein älterer Mann.

Oren trägt eine Kappe mit Werbelogo und einen dünnen grauen Pferdeschwanz; in seiner Geschichte nimmt er uns mit durch Dickicht und Schluchten in sein liebstes Jagdrevier. Lächelnd erinnert er sich: »Ich habe an dem Tag bestimmt zehn Hirsche gesehen, aber geschossen habe ich nur einmal.« Er kippelt mit dem Stuhl nach hinten und blickt gedankenverloren auf den Hügel. Die jungen Männer lauschen, den Blick auf den Verandaboden gerichtet. »Der erste stapfte raschelnd durch das trockene Laub, aber ihn verdeckte das Gebüsch auf dem Abhang. Er sah mich gar nicht da sitzen. Dann kam ein junger Hirsch mit dem Wind auf mich zu und verschwand hinter einem Felsen. Ich hätte ihm nachpirschen und durch den Bach folgen können, aber ich wusste, es war nicht der richtige.« Einzeln zählt er auf, welchen Hirschen er an diesem Tag begegnet ist, ohne auch nur das Gewehr anzuschlagen: die Hirschkuh am Wasser, der Dreiender hinter einer Linde, nur der Rumpf war zu sehen. »Ich habe immer nur einen Schuss bei mir«, sagt er.

Die jungen Männer auf der Bank gegenüber beugen sich vor. »Und dann, ohne weitere Erklärung, kommt einer geradewegs in die Lichtung spaziert und sieht dir ins Auge. Er weiß mit ganzer Gewissheit, dass du da bist und was du tust. Offen bietet er dir die Flanke, damit du aufs Blatt schießen kannst. Ich weiß, der ist es, und er weiß es auch. Wir nicken uns zu, eine Art Abmachung. Deshalb habe ich nur einen Schuss dabei. Ich warte auf den Richtigen. Er hat sich mir geschenkt. So habe ich das gelernt: Nimm nur, was dir geschenkt wird, und das behandle mit Respekt.« Oren erinnert sich an seine Zuhörer: »Deshalb danken wir dem Hirsch, dem Anführer der Tiere, für die Freigebigkeit, mit der er die Menschen

ernährt. Anerkennung für das Leben, das unseres möglich macht, und eine Lebensweise, mit der wir unsere Dankbarkeit zum Ausdruck bringen, sind die Kraft, die die Welt in Bewegung hält.«

Die Ehrenhafte Ernte verlangt nicht, dass wir Photosynthese betreiben. Sie sagt nicht *Nimm nichts,* sondern sie ist Inspiration, Vorbild für das, was wir nehmen *sollen.* Keine Liste von Verboten, sondern von Geboten. Esst Nahrung, die ehrenhaft geerntet wurde, und feiert jeden Happen davon. Nutzt Techniken, die möglichst wenig Schaden anrichten; nehmt, was euch geschenkt wird. Diese Philosophie leitet uns nicht nur beim Sammeln unserer Nahrung, sondern sie gilt auch für alle anderen Geschenke, die wir von Mutter Erde empfangen – Luft, Wasser, und der eigentliche Leib der Erde: Stein, Boden, fossile Brennstoffe.

Kohle zu fördern, die tief in der Erde vergraben ist, und damit nicht wiedergutzumachenden Schaden anzurichten, verletzt jede Vorschrift in diesem Kodex. So sehr man auch die Phantasie bemüht, Kohle wird uns einfach nicht »geschenkt«. Wir müssen Land und Wasser verwunden, um sie aus Mutter Erde herauszupressen. Wie wäre es, wenn die Bergbauunternehmen, die in den alten Gebirgsfalten der Appalachen im Tagebau Kohle abbauen wollen, gesetzlich verpflichtet würden, nur zu nehmen, was ihnen geschenkt wird? Wäre es nicht großartig, wenn wir ihnen den laminierten Ausweis in die Hand drücken und erklären würden, dass jetzt andere Regeln gelten?

Das heißt nicht, dass wir nicht die Energie verbrauchen dürfen, die wir brauchen, aber es bedeutet eben, dass wir ehrenhaft nur nehmen, was uns geschenkt wird. Der Wind weht jeden Tag, jeden Tag scheint die Sonne, jeden Tag branden die Wellen an die Küste, und unter uns ist die Erde warm. Wir können diese erneuerbaren Energiequellen als Geschenk begreifen, denn sie versorgen das Leben auf dem Planeten mit Energie, seit es den Planeten gibt. Um sie zu nutzen, brauchen wir die Erde nicht zu zerstören. Sonnenenergie, Windenergie, Gezeitenenergie und Geothermik – die sogenannten »sauberen Energien« – scheinen mir bei vernünftiger Nutzung mit den überlieferten Regeln der Ehrenhaften Ernte vereinbar. Ich habe einmal einen Vortrag über »Dankbarkeitskulturen« an einem kleinen privaten College gehalten, bei dem die Studiengebühren sich auf über 40 000 Dollar pro Jahr beliefen. Die ganzen vorgesehenen 55 Minuten sprach ich über die Danksagung der Haudenosaunee, die Tradition des Potlatch-Fests im pazifischen Nordwesten und die Schenkökonomie in Polynesien. Dann erzählte ich eine traditionelle Geschichte aus der Zeit, als die Maisernte so üppig ausfiel, dass die Lager voll waren. Die Felder waren so freigebig zu den Dörflern, dass die Menschen kaum zu arbeiten brauchten. Also arbeiteten sie auch nicht. Die

Hacken lehnten nutzlos am Baum. Die Menschen wurden so faul, dass sie sogar die Zeiten für die Mais-Zeremonien verstreichen ließen, ohne ein einziges Dankeslied zu singen. Sie fingen an, den Mais für Dinge zu verwenden, die die Drei Schwestern nicht vorgesehen hatten, als sie den Menschen Mais als heilige Nahrung schenkten. Sie verbrannten ihn, wenn sie keine Lust hatten, Holz zu hacken. Die Hunde holten ihn sich von den wilden Haufen, die die Menschen hinkippten, statt die Ernte in sicheren Kammern zu lagern. Niemand wies die Kinder zurecht, wenn sie im Spiel Maiskolben durch das ganze Dorf schossen. Betrübt über den Mangel an Respekt beschloss die Maisschwester, zu verschwinden, an einen Ort zu gehen, wo man sie mehr schätzte. Anfangs merkten die Menschen das noch nicht einmal. Doch im nächsten Jahr wuchs auf den Feldern nur Unkraut. Die Lager waren beinahe leer, und der Kornvorrat, um den sich niemand gekümmert hatte, war verschimmelt und von Mäusen gefressen. Es gab nichts zu essen. Die Menschen waren verzweifelt, wurden dünner und dünner. Als sie die Dankbarkeit vergaßen, vergaßen die Gaben sie.

Ein kleines Kind aber ging hinaus aus dem Dorf, wanderte etliche Tage hungrig umher, bis es die Maisschwester auf einer sonnenbeschienenen Lichtung im Wald fand. Es flehte sie an, zu seinem Volk zurückzukehren. Freundlich lächelte sie zurück und trug ihm auf, seinem Volk wieder die Dankbarkeit und den Respekt zu lehren, die sie vergessen hatten. Erst dann werde sie zurückkehren. Das Kind tat, was ihm geheißen war, und nach einem harten Winter ohne Mais, der ihnen eine Mahnung bleiben sollte, kehrte sie im Frühling zu ihnen zurück.[2]

Mehrere Studierende in meinem Publikum gähnten. So etwas konnten sie sich einfach nicht vorstellen. Die Regale im Supermarkt waren immer gut gefüllt. Beim Umtrunk nach dem Vortrag luden sich die Studierenden die üblichen Häppchen auf die Styroporteller. Wir besprachen Fragen und Kommentare und versuchten, uns nicht mit dem Punsch aus den Plastikbechern zu bekleckern. Die Studierenden bedienten sich an Käse und Crackern, Unmengen Gemüsesticks und eimerweise Dips. Mit all diesem Essen hätte ein kleines Dorf ein Festmahl abhalten können. Die Reste wurden in Abfalleimer gekippt, die praktischerweise direkt neben den Tischen standen.

Ein hübsches junges Mädchen, dunkle Haare unter einem Kopftuch, hielt sich beim Gespräch zurück, wartete, bis sie an der Reihe war. Als fast alle gegangen waren, kam sie auf mich zu und zeigte mit verlegenem Lächeln auf die verschwendeten Reste des Empfangs. »Ich möchte nicht, dass Sie denken, keiner würde verstehen, was Sie

2 Diese Geschichte ist vom Südwesten bis in den Nordosten der USA bekannt. Eine Version erzählt Joseph Bruchac in Joseph Bruchac Caduto und Michael Caduto, *Keepers of Life.*

gesagt haben«, erklärte sie. »Ich verstehe das. Sie klingen wie meine Großmutter in meinem türkischen Dorf. Ich werde ihr sagen, dass sie hier in den USA wohl eine Schwester hat. Sie hält sich auch an die Ehrenhafte Ernte. Bei ihr haben wir gelernt, dass alles, was wir in den Mund stecken, alles, wovon wir leben, das Geschenk eines anderen Lebens ist. Ich weiß noch, wie wir, wenn wir bei ihr übernachteten, abends den Dachsparren ihres Hauses danken sollten und den Wolldecken, unter denen wir schliefen. Meine Großmutter ließ uns nicht vergessen, dass das alles Geschenke waren, und daher sollten wir auf alles aufpassen, diesem Leben mit Respekt begegnen. Im Haus meiner Großmutter küssten wir den Reis. Wenn auch nur ein Reiskorn auf den Boden fiel, sollten wir es aufheben und küssen, damit klar war, dass wir es nicht verachteten und verschwendeten.« Die Studentin erzählte, bei ihrer Ankunft in den USA sei der größte Kulturschock, den sie erlebt habe, nicht die Sprache gewesen, das Essen oder die Technologie, sondern der Abfall.

»Ich habe das noch niemandem erzählt«, sagte sie, »aber in der Mensa wurde mir schlecht davon, wie die Leute mit ihrem Essen umgingen. Von dem, was hier nach einem einzigen Mittagessen weggeworfen wird, könnte mein Dorf tagelang satt werden. Ich konnte mit niemandem darüber reden; niemand würde verstehen, dass man ein Reiskorn küsst.« Ich dankte ihr für ihre Geschichte, und sie erwiderte: »Bitte, nehmen Sie sie als Geschenk und schenken Sie sie weiter.«

Ich habe manchmal sagen hören, als Gegengabe für die Geschenke der Erde genüge Dankbarkeit. Unseren Dank ausdrücken zu können, ist nur uns Menschen gegeben, denn wir verfügen über das Bewusstsein und das kollektive Gedächtnis, um zu wissen, dass die Welt ebenso gut auch anders sein könnte, weniger freigebig. Doch meines Erachtens sind wir aufgerufen, über eine Kultur der Dankbarkeit noch hinauszugehen und wieder zu einer Kultur der Reziprozität zu werden.

Auf einer Tagung zum Thema indigene Nachhaltigkeitsmodelle lernte ich Carol Crowe kennen, eine Ökologin und Angehörige der Algonquin. Sie erzählte, wie sie beim Rat ihrer Stammesältesten um finanzielle Unterstützung gebeten hatte, um an der Tagung teilnehmen zu können. Sie fragten sie: »Worum geht es bei dieser Nachhaltigkeit? Worüber reden sie da?« Sie fasste ihnen die Standarddefinition des Begriffs »nachhaltige Entwicklung« zusammen, der zufolge es sich um einen »Umgang mit natürlichen Ressourcen und sozialen Institutionen« handelt, »der sicherstellt, dass menschliche Bedürfnisse erreicht und dauerhaft befriedigt werden, und zwar für gegenwärtige genauso wie für künftige Generationen«. Die Ältesten schwiegen eine Weile und überlegten. Schließlich sagte einer von ihnen: »Diese nachhaltige Entwicklung klingt für mich, als wollten sie nur weiter nehmen dürfen, wie sie es immer getan haben. Es geht immer nur ums Nehmen. Geh du da hin und sag ihnen, dass nach unserem Brauch der erste Gedanke nicht heißt: ›Was können wir nehmen?‹, sondern: ›Was können wir Mutter Erde geben?‹ So soll es nämlich sein.«

Die Ehrenhafte Ernte fordert uns auf, in gelebtem Austausch Geschenke, die wir erhalten haben, zu erwidern. Der Austausch hilft uns bei dem moralischen Dilemma, dass wir Leben nehmen, indem es uns etwas Wertvolles zurückgeben lässt, das denen hilft, die wiederum uns helfen. Als Menschen sind wir unter anderem dafür verantwortlich, Möglichkeiten zu finden, wie wir mit der nicht menschlichen Welt in einen Austausch eintreten können. Das kann durch Dankbarkeit erfolgen, Zeremonie und Feier, Fürsorge für das Land, Naturwissenschaft, Kunst und alltägliche Gesten praktischer Hochachtung.

Ich muss zugeben, dass ich mich schon innerlich abgewandt hatte, bevor ich ihn kennenlernte. Ein Pelztierjäger konnte sagen, was er wollte: Ich wollte es nicht hören. Beeren, Nüsse, wilder Lauch und meinetwegen noch der Hirsch, dem man ins Auge gesehen hat, sie alle passen ins Muster der Ehrenhaften Ernte – aber Fallen für weiße Hermeline und samtpfotige Luchse aufzustellen, um reiche Frauen mit ihrem Pelz zu schmücken, ist schwer zu rechtfertigen. Trotzdem wollte ich natürlich respektvoll sein und zuhören.

Lionel wuchs in den Wäldern des Nordens auf, er jagte, fischte, war Tourenguide, und lebte in einer entlegenen Blockhütte von dem, was das Land ihm bot – ein Vertreter der alten Tradition der *coureurs des bois*, der nordamerikanischen Waldläufer. Das Fallenstellen lernte er von seinem indigenen Großvater, der für seine Geschicklichkeit am Fallensteig bekannt war. Um einen Nerz zu fangen, muss man denken können wie ein Mink. Sein Großvater war als Trapper erfolgreich, weil er einen so tiefen Respekt vor dem Wissen der Tiere hatte, ihn beschäftigte, welche Wege sie gingen, wie sie jagten und wo sie sich bei schlechtem Wetter verkrochen. Er konnte die Welt mit Hermelinaugen sehen und ernährte so seine Familie.

»Ich liebte das Leben im Wald«, sagt Lionel, »und ich liebte die Tiere.« Vom Fischen und Jagen wurde seine Familie satt; die Bäume gaben ihnen Wärme; und wenn ihr Bedarf an warmen Mützen und Fäustlingen gedeckt war, brachten die Pelze, die sie jedes Jahr verkauften, Bargeld für Treibstoff, Kaffee, Bohnen und Schulklamotten. Alle dachten, er würde ins Geschäft einsteigen, aber als junger Mann weigerte er sich. Er wollte nichts mehr von der Pelztierjagd wissen, als Tellereisen zur Norm wurden, eine grausame Fangtechnik. Er hatte Tiere gesehen, die sich den Fuß abbissen, um sich zu befreien. »Tiere müssen sterben, damit wir leben können, aber leiden müssen sie nicht«, sagt er.

Um im Wald bleiben zu können, versuchte er es als Holzfäller. Er hatte Erfahrung mit den alten Methoden, nach denen das Holz mit Schlitten über Eisbahnen transportiert wurde, wenn eine schützende Schneedecke den Boden bedeckte. Doch die alten, sanften Holzfällermethoden waren großen Maschinen gewichen, die den Wald zerhäckselten und das Land zerstörten, das seine Tiere brauchten. Der dunkle Wald wurde zu abgerissenen Stümpfen, die klaren Flüsse zu sumpfigen Gräben. Er versuchte, in der Kabine einer D9-Planierraupe zu arbeiten oder im Holzvollernter, einer Maschine, die dafür konzipiert ist, bis zum letzten Span alles zu verwerten. Aber er konnte nicht.

Dann suchte sich Lionel Arbeit in den Bergwerken von Sudbury, Ontario, ließ das Holz stehen und arbeitete unter Tage, wo er Nickelerz aus der Erde grub, das in Schmelzöfen geworfen wurde. Aus den Schornsteinen stiegen Schwefeldioxid und Schwermetalle auf, und der dadurch entstehende saure Regen tötete meilenweit im Umkreis alles, was lebte, eine gigantische Brandnarbe im Land. Ohne Pflanzenbewuchs erodierte der Boden, und es blieb eine so kahle Mondlandschaft zurück, dass die NASA sie zum Testen ihrer Mondfahrzeuge benutzte. Die Erde war den Schmelzhütten in Sudbury in die Falle gegangen, und der Wald starb einen langsamen, qualvollen Tod. Zu spät, als der Schaden längst angerichtet

war, wurde Sudbury zum Musterknaben in der Gesetzgebung zur Luftreinhaltung.

Es ist keine Schande, im Bergbau zu arbeiten, um seine Familie zu ernähren – es ist ein Tausch von harter Arbeit gegen Nahrung und Unterkunft –, aber eigentlich will man, dass die Arbeit noch einen höheren Sinn hat. Auf der Heimfahrt, die ihn jeden Abend durch die Mondlandschaft führte, die seine Arbeit mit erschaffen hatte, spürte er Blut an seinen Fingern, und da kündigte er.

Heute geht Lionel im Winter tagsüber mit Schneeschuhen seinen Fallensteig ab und bereitet abends die Tierfelle für die Gerbung vor. Anders als die scharfen industriellen Chemikalien macht die Gerbung mit Hirn weichere, langlebigere Felle. Man hört das Staunen in seiner Stimme, als er mit einem weichen Elchleder auf dem Schoß feststellt: »Jedes Tier hat gerade genug Hirnmasse, um sein eigenes Fell damit zu gerben.« Sein eigenes Gehirn und sein Herz haben ihn nach Hause in die Wälder geführt.

Lionel gehört zum Volk der Métis; er nennt sich selbst einen »blauäugigen Indianer«, der in den dichten Wäldern in Nord-Quebec aufgewachsen ist, was man auch an seinem singenden Akzent hört. Seine Unterhaltung ist so köstlich mit *»Oui, oui, Madame«* durchsetzt, dass ich darauf gefasst bin, er könnte mir jederzeit die Hand küssen. Seine eigenen Hände haben viel zu erzählen: Die Hände eines Waldmenschen, so breit und kräftig, dass sie eine Falle aufstellen oder eine Schleppkette an einem gefällten Baum anbringen können, aber gleichzeitig so sensibel, dass sie mit einem Strich über ein Fell dessen Dicke abschätzen können. Zum Zeitpunkt unseres Gesprächs sind Tellereisen in Kanada verboten worden, erlaubt sind nur noch Abzugseisen, bei denen das Tier sofort getötet wird. Er zeigt mir eines: Man braucht zwei starke Arme, um es zu spannen und aufzustellen, und es schnappt so kräftig zu, dass dem Tier augenblicklich das Genick gebrochen wird.

Trapper verbringen heutzutage mehr Zeit im Wald als jede andere Berufsgruppe, und sie erstellen detaillierte Aufzeichnungen über ihre Beute. Lionel hat in seiner Jackentasche ein eng beschriebenes Notizbuch; er holt es hervor und winkt damit, als wollte er sagen: »Ein Blick in meinen neuen BlackBerry gefällig? Ich lade nur eben meine Daten in meinen Waldcomputer, er funktioniert mit Propan, ja?«

Auf seinen Fallensteigen fängt er Biber, Luchs, Kojote, Fischmarder, Mink und Hermelin. Während er mit der Hand über die Felle fährt, spricht er vom dichten Unterhaar des Winterfells und den langen Leithaaren, erklärt, wie man von seinem Fell auf die Gesundheit eines Tiers schließen kann. Er legt eine Pause ein, als er auf Marder zu sprechen kommt, deren Fell für seinen seidenweichen Luxus berühmt ist – amerikanischer Zobel. Er ist hübsch gefärbt und federleicht.

Marder gehören zu Lionels Waldleben – sie sind seine Nachbarn, und er ist dankbar, dass sie sich von der drohenden Ausrottung erholt haben. Trapper wie er stehen an vorderster Front, wenn es um die Beobachtung wilder Populationen und ihres Gesundheitszustands geht. Sie tragen Verantwortung, müssen für die Arten sorgen, von denen sie leben, und bei jedem Besuch am Fallensteig ergeben sich neue Daten, die die Reaktion des Trappers beeinflussen. »Solange wir nur männliche Marder fangen, entsichern wir die Fallen«, sagt er. Besteht ein Überschuss, ziehen solitäre Männchen umher und gehen leicht in die Falle. Zu viele junge Männchen verringern das Nahrungsangebot für die anderen. »Aber sobald wir ein Weibchen fangen, sichern wir die Fallen. Das heißt, dass wir den Überschuss abgeschöpft haben, und den Rest fassen wir nicht mehr an. Auf diese Weise wachsen die Populationen nicht zu stark an, keiner verhungert, aber insgesamt wächst die Population weiter.«

Gegen Ende des Winters, wenn die Schneedecke noch dicht ist, aber die Tage länger werden, zieht Lionel die Leiter von den Dachbalken in seiner Garage. Er streift die Schneeschuhe über und stapft hinaus in den Wald, die Leiter auf der Schulter und Hammer, Nägel und Holzreste im Packkorb. Er späht nach den passenden Stellen: Große alte Bäume mit Höhlen eignen sich am besten, sofern Größe und Form des Lochs sicherstellen, dass nur eine einzige Art sie benutzen kann. Er klettert ans Ende der Leiter, die mit den Füßen im Schnee an einem hohen Ast lehnt, und baut eine Plattform. Bevor es dunkel wird, geht er nach Hause, und am nächsten Tag zieht er wieder los. Es ist harte Arbeit, eine Leiter durch den Wald zu schleppen. Wenn er mit den Plattformen fertig ist, holt er einen weißen Plastikeimer aus dem Eisschrank und stellt ihn zum Tauen neben den Holzofen.

Den ganzen Sommer über arbeitet Lionel als Angelführer an den entlegenen Seen und Flüssen seiner Heimat. Er witzelt, dass er jetzt nur für sich selbst arbeitet, seine Firma nennt er »*See more and Do less*«. Kein so schlechter Geschäftsplan. Wenn er mit seinen Anglern den Fang ausnimmt, sammelt er die Innereien in großen weißen Eimern und stellt sie in den Eisschrank. Er überhört es, wenn seine Kunden wispern: »Wahrscheinlich macht er im Winter Fischdarm-Eintopf.«

Am nächsten Tag ist er wieder draußen, den Eimer zieht er auf einem Schlitten mit, meilenweit über seinen Fallensteig. An jedem Baum mit Plattform steigt er die Leiter hoch – etwas weniger elegant als ein Wiesel und einhändig (schließlich will man sich nicht mit Fischdärmen bekleckern). Auf jede Plattform schaufelt er eine große, übel riechende Ladung, dann wandert er weiter zur nächsten.

Wie viele Raubtiere vermehren Marder sich langsam, und damit werden sie anfällig für Bevölkerungsrückgänge, besonders wenn sie bejagt werden. Etwa neun Monate lang werden die Jungen ausgetragen, und Jungtiere sind erst mit drei Jahren fortpflanzungsfähig. Sie bekommen ein bis vier Junge, ziehen aber nur so viele auf, wie es der Nahrungsvorrat erlaubt. »Ich lege die Innereien ein paar Wochen vor der Zeit aus, in der die kleinen Mamas ihre Jungen werfen«, sagt Lionel. »Wenn man sie an Stellen deponiert, wo sonst keiner drankommt, bekommen die Mütter ein paar Extraportionen. Damit können sie ihre Kleinen säugen, also überleben mehr von ihnen, besonders wenn es spät noch einmal Schnee gibt oder so.« Bei der Zärtlichkeit in seiner Stimme muss ich an einen Nachbarn denken, der einem Kranken ein warmes Essen bringt. Trapper hatte ich mir so eigentlich nicht vorgestellt. »Tja«, meint er errötend, »diese kleinen Marder sorgen für mich, und ich sorge für sie.«

Die Weisungen lehren uns, dass eine Ernte durch das ehrenhaft wird, was wir für das, was wir nehmen, zurückgeben. Es besteht kein Zweifel daran, dass Lionels Fürsorge dazu führen wird, dass es an seinem Fallensteig mehr Marder gibt. Genauso sicher ist die Tatsache, dass sie auch getötet werden. Mardermamas zu füttern, ist kein Altruismus; es ist ein tiefer Respekt für das Funktionieren der Welt, für die Verbindungen zwischen uns, für Leben, das ins Leben fließt. Je mehr Lionel gibt, desto mehr kann er nehmen, zumal er auch noch den Schritt weiter geht, mehr zu geben, als er nimmt.

Mich rühren Lionels Zuneigung und sein Respekt vor diesen Tieren, all diese Fürsorge, die sich auf seiner genauen Kenntnis ihrer Bedürfnisse gründet. Er kennt das Dilemma, seine Beute zu lieben, und löst es, indem er die Regeln der Ehrenhaften Ernte respektiert. Trotzdem lässt sich nicht leugnen, dass die Marderfelle wahrscheinlich zu Luxusmänteln für sehr reiche Menschen werden, vielleicht den Besitzer der Bergwerke von Sudbury.

Diese Tiere sterben von Lionels Hand, aber zuerst haben sie ein gutes Leben – zum Teil durch sein Zutun. Seine Lebensart, die ich verurteilt habe, ohne sie zu verstehen, schützt den Wald, schützt Seen und Flüsse, und das nicht nur für ihn und die Pelztiere, sondern für alle Wesen des Waldes. Ehrenhaft wird eine Ernte dadurch, dass sie dem Gebenden genauso nützt wie dem Nehmenden. Heute ist Lionel außerdem noch ein gefragter Lehrer, der quer durchs Land in Schulen eingeladen wird, um sein traditionelles Wissen über Natur und Umweltschutz weiterzugeben. Er gibt zurück, was ihm geschenkt wurde.

Für den Typ im Marderfellmantel, der in der Chefetage von Sudbury sitzt, ist Lionels Welt schwer vorstellbar – nur nehmen zu dürfen, was er braucht, für das, was er nimmt, etwas im Austausch zurückzugeben, die Welt zu nähren, die ihn ernährt, einer säugenden Mutter in einer Baumwipfelhöhle Futter zu bringen. Aber wenn wir nicht noch mehr öde Mondlandschaften wollen, wird er es lernen müssen.

Vielleicht wirkt das alles niedlich-anachronistisch: Regeln fürs Jagen und Sammeln, deren Relevanz doch gemeinsam mit dem Büffel längst dahin ist. Aber vergessen wir nicht: Der Büffel ist nicht ausgestorben, und unter der Fürsorge derer, die sich erinnern, erholt er sich sogar. Und auch die Regeln der Ehrenhaften Ernte stehen bereit für ein Comeback, wenn Menschen sich erinnern, dass das, was gut für das Land ist, auch gut für die Menschen ist.

Wir brauchen Sanierungspläne, nicht nur für verschmutzte Gewässer und verschandelte Landschaften, sondern auch für unsere Beziehung zur Welt. Unsere Lebensweise muss wieder ehrenhaft werden, damit wir beim Gang durch die Welt nicht beschämt die Augen niederschlagen müssen, sondern erhobenen Hauptes den anerkennenden Respekt der übrigen Lebewesen auf der Erde entgegennehmen können.

Ich schätze mich glücklich, wilden Lauch zu haben, Löwenzahnsalat, Sumpfdotterblumen und Pekannüsse – sofern ich schneller bin als die Eichhörnchen. Das alles ist aber nur Dekoration für einen Speiseplan, der sich hauptsächlich aus meinem Garten und aus dem Supermarkt speist, so, wie bei allen anderen auch, besonders heute, wo mehr Menschen in urbanen Zentren wohnen als auf dem Land.

Städte sind wie die Mitochondrien in unseren tierischen Zellen – Konsumenten, die von den Autotrophen zehren, von der Photosynthese einer fernen grünen Landschaft. Es könnte uns leidtun, dass Stadtbewohner kaum die Möglichkeit haben, in direktem Austausch mit dem Land zu stehen. Doch obwohl Städter von der Herkunft dessen, was sie konsumieren, abgeschnitten sind, können sie den Austausch praktizieren – je nachdem, wie sie ihr Geld ausgeben. Vielleicht sind die Orte, an denen nach Lauch und Kohle gegraben wird, zu weit weg; aber trotzdem haben wir Verbraucher ein mächtiges Instrument in der Tasche. Wir können unser Geld als indirekte Währung der Reziprozität einsetzen.

Vielleicht können wir uns die Ehrenhafte Ernte als Spiegel vorhalten, in dem wir unsere Einkäufe bewerten. Was sehen wir in diesem Spiegel? Ist der Einkauf wert, was dafür an Leben eingesetzt wurde? Geld wird zum Ersatz, zur Vollmacht für den Erntenden, der mit den Händen in der Erde gräbt, und man kann es zur Unterstützung der Ehrenhaften Ernte einsetzen – oder auch nicht.

Das ist ein einleuchtendes Argument, und ich glaube, dass die Prinzipien der Ehrenhaften Ernte in einer Zeit, in der der Überkonsum jeden Bereich unseres Lebens betrifft, auf große Resonanz stoßen.

Doch wie weit komme ich damit? Ist das umsetzbar? Ich lebe auf dem Land, habe einen großen Garten, hole meine Eier beim Bauern um die Ecke, kaufe Äpfel aus dem Nachbartal, pflücke Beeren und Kräuter auf meinen naturbelassenen Flächen. Vieles von dem, was ich besitze, ist Secondhand, oder sogar Thirdhand. Der Tisch, auf dem ich schreibe, war früher ein eleganter Esstisch, den jemand auf die Straße gestellt hatte. Doch obwohl ich mit Holz heize, kompostiere und recycle und sonst noch tausenderlei verantwortlich handle, müsste ich bei einer Ehren-Inventur meines Hausrats wahrscheinlich feststellen, dass vieles davon es wohl nicht in die Legion der Ehrenhaften Ernte schaffen würde.

Ich starte einen Selbstversuch: Kann man in dieser Marktwirtschaft überleben, wenn man sich an die Regeln der Ehrenhaften Ernte hält? Ich nehme meine Einkaufsliste, und los geht's.

Eigentlich kann man in unserem Supermarkt ganz gut bewusst einkaufen und auf beidseitigen

Nutzen für Land und Mensch achten. Er kooperiert mit Landwirten, die zu Preisen, die normale Menschen sich leisten können, lokale Bioprodukte anbieten. Auch »grüne« und recycelte Produkte sind zahlreich im Angebot, mein Klopapier kann ich also guten Gewissens vor den Spiegel der Ehrenhaften Ernte halten. Wenn ich mit offenen Augen durch die Regale gehe, wird überwiegend klar, woher das Essen stammt, obwohl Chips und Oreos ein ökologisches Rätsel bleiben. Großenteils kann ich mein Geld als Währung für ökologisch akzeptable Entscheidungen einsetzen, abgesehen von meinem fragwürdigen, aber ausdauernden Appetit auf Schokolade.

Ich habe nicht viel übrig für Ernährungsfanatiker, die nichts an sich heranlassen als fair gehandelte Bio-Milch von frei laufenden Wüstenspringmäusen. Wir alle tun, was wir können; bei der Ehrenhaften Ernte geht es genauso um die Beziehungen wie um das materielle Produkt. Eine Freundin sagt mir, sie kauft pro Woche ein grünes Produkt – mehr kann sie sich nicht leisten, aber das leistet sie. »Ich möchte mit meinem Geld abstimmen«, sagt sie. Ich kann mich entscheiden, weil ich über so viel Einkommen verfüge, dass ich zwischen »grünen« und billigeren Produkten wählen kann, und ich hoffe, das beeinflusst den Markt in die richtige Richtung. In den Nahrungswüsten der South Side von Chicago hat man diese Wahl nicht, und die Ehrlosigkeit in dieser Ungleichheit betrifft viel mehr als nur den Bereich der Ernährung.

In der Gemüseabteilung fahre ich zusammen. Da liegt auf einer Styroporschale, in Plastikfolie eingeschweißt und zum stolzen Preis von 15,50 Dollar pro Pfund: wilder Lauch. Die Folie drückt ihn platt; er sieht eingesperrt und erstickt aus. In meinem Kopf läuten die Alarmglocken – hier wird zur Ware gemacht, was eigentlich ein Geschenk sein sollte –, wohin soll dieses Denken noch führen! Wilden Lauch zu verkaufen, macht ihn zum reinen Objekt, macht ihn billig, selbst noch für 15,50 Dollar pro Pfund. Die Natur ist nicht zum Verkaufen da.

Als Nächstes fahre ich in die Shopping Mall, die ich sonst um jeden Preis meide; aber heute wage ich mich in die Höhle des Löwen, um mein Experiment weiterzuführen. Ich sitze ein paar Minuten im Auto, um mich genauso einzustimmen wie für einen Spaziergang in den Wald, empfänglich, mit offenen Augen, dankbar – nur dass ich statt wildem Lauch einen Vorrat an Papier und Stiften anlegen werde.

Auch hier muss ich an einem Steinwall vorbei, der dreistöckigen Fassade der Mall, vor der ebenfalls ein lebloses Feld liegt, der Parkplatz mit Krähen auf den Zaunpfählen. Hinter dem Steinwall ist der Boden unter meinen Füßen hart, und Absätze klappern über die Fliesen aus falschem Marmor. Ich halte inne und lausche auf die Geräusche.

Drinnen gibt es weder Krähen noch Walddrosseln, eher eine Geräuschkulisse aus merkwürdig sterilen Oldies in Streicherversion, die das Dröhnen der Belüftungsanlagen zu übertönen versuchen. Die Beleuchtung ist düster, kleine Spots tüpfeln den Boden, damit sich umso besser die schreiend bunten Firmenschilder abzeichnen, deren Logos man so problemlos erkennt wie Blutwurzbestände auf dem Waldboden. Wie in einem Frühlingswald ist die Luft ein Gemisch aus Gerüchen, durch die ich nach und nach streife: Kaffee hier, Zimtbrötchen da, ein Laden mit Duftkerzen, und über allem hängt der durchdringende Geruch von chinesischem Fast Food.

Am Ende des Gangs erkenne ich den Lebensraum meiner Beute. Ich finde mich leicht zurecht, weil ich seit Jahren hierherkomme, um meine traditionelle Büroartikelernte einzufahren. Am Ladeneingang steht ein Stapel hellroter Plastikkörbe mit Metallhenkeln. Ich nehme mir einen und werde wieder die Frau mit dem Korb. Vor dem Papierregal stehe ich vor einer großen Vielfalt von Papierarten – große Karos, kleine Karos, Kopierpapier, Briefpapier, Spiralbindung, lose Bögen –, angeordnet in klonartigen Beständen nach Marke und Verwendungszweck. Ich sehe nur, was ich will, meine bevorzugten Notizblöcke, so gelb wie eine Sumpfdotterblume.

Ich stehe vor ihnen und versuche mich in Sammelstimmung zu bringen, alle Regeln der Ehrenhaften Ernte zu beherzigen, aber es gelingt mir nur mit einem Hauch von Ironie. Ich versuche in diesem Stapel Papier die Bäume zu spüren und richte meine Gedanken an sie, aber das Opfer ihres Lebens ist so weit weg von diesem Regal, dass nur noch ein sehr fernes Echo zu vernehmen ist. Ich denke über die Erntemethode nach: War es ein Kahlschlag? Ich denke an den Gestank der Papierfabrik, das Abwasser, das Dioxin. Glücklicherweise ist da auch ein Stapel mit dem Etikett »Recycling«, also nehme ich das, zahle für dieses Privileg auch ein bisschen mehr. Ich überlege kurz, ob die gelbe Färbung vielleicht schlimmer ist als das gebleichte Weiß. Ich habe da meine Vermutungen, aber ich entscheide mich für Gelb, wie immer. Es passt so gut zu grüner oder lila Tinte, wie ein Garten.

Als Nächstes schlendere ich zum Stifteregal, oder, wie sie es nennen, den »Schreibutensilien«. Die Auswahl ist hier sogar noch größer, und ich habe keinen blassen Schimmer, woher sie alle kommen, eben aus irgendeiner petrochemischen Synthese. Wie kann ich diesen Kauf ehrenhaft machen, mein Geld als Währung für Ehre nutzen, wenn das Leben hinter diesen Produkten unsichtbar ist? Ich stehe so lange vor dem Regal, dass ein Angestellter mich fragen kommt, ob ich etwas Bestimmtes suche. Vermutlich sehe ich aus wie eine Ladendiebin, die mit ihrem kleinen roten Korb einen Raubzug bei den »Schreibutensilien« plant.

Ich würde ihn gerne fragen: »Woher kommen diese Dinger? Aus was sind sie gemacht, und welcher wurde mit einer Technik hergestellt, die der Erde minimalen Schaden zufügt? Kann ich Stifte mit derselben Einstellung kaufen, in der man wilden Lauch ausgräbt?« Doch ich vermute, er würde über das kleine Mikrophon, das an seiner flotten Firmenkappe hängt, die Security rufen, weshalb ich einfach meine Lieblingsstifte nehme, weil ihre Spitze sich auf dem Papier so angenehm anfühlt und wegen der lila und grünen Tinte. An der Kasse versetze ich mich in ein Gefühl des Austauschs, während ich im Tausch gegen Schreibwaren meine Kreditkarte zücke. Wir bedanken uns beide, die Kassiererin und ich, aber keine von uns bei den Bäumen.

So sehr ich mich auch bemühe, aber was ich im Wald spüren kann, die pulsierende Belebtheit, ist hier einfach nicht vorhanden. Und da wird mir klar, warum die Regeln des Austauschs hier nicht funktionieren, warum dieses glitzernde Labyrinth die Ehrenhafte Ernte beinahe zum Gespött macht. Es ist so offensichtlich, aber ich habe es nicht gesehen, so eifrig habe ich nach dem Leben hinter den Produkten gesucht. Ich konnte es nicht finden, weil hier kein Leben ist. Alles, was man hier kaufen kann, ist tot.

Ich hole mir einen Becher Kaffee und setze mich auf eine Bank, um die Szene zu betrachten, sammle so viele Beweise, wie ich kann, mit dem

Notizbuch auf dem Schoß. Mürrische Teenager, die sich ein Selbst erkaufen wollen, und alte Männer, die allein in der Gourmetmeile sitzen. Sogar die Pflanzen sind aus Plastik. Noch nie habe ich so hier eingekauft, mit so gerichtetem Bewusstsein für das, was hier vorgeht. Ich habe es verdrängt in der Eile, mit der ich sonst hereinstürme, einkaufe und wieder gehe. Doch jetzt überblicke ich mit wachen Sinnen die Landschaft. Ich öffne mich den T-Shirts, den Plastikohrringen und den iPods. Öffne mich Schuhen, die wehtun, Mogelpackungen, die wehtun, und Bergen von nutzlosem Zeug, das die Wahrscheinlichkeit mindert, dass meine Enkel noch eine gute grüne Erde haben werden, für die sie sorgen können. Mir tut es sogar weh, den Gedanken an die Ehrenhafte Ernte hierherzutragen; ich fühle mich als seine Beschützerin. Ich möchte ihn wie ein kleines warmes Tierchen in der hohlen Hand halten und ihn vor dem Ansturm seiner Antithese abschirmen. Aber ich weiß, dass er stärker als das hier ist.

Und doch ist die Anomalie nicht die Ehrenhafte Ernte – sondern dieses Einkaufszentrum. Wie wilder Lauch in einem gerodeten Wald nicht überleben kann, kann in diesem Lebensraum die Ehrenhafte Ernte nicht überleben. Wir haben eine künstliche Welt errichtet, Potemkinsche Dörfer von Ökosystemen, in denen wir uns der Illusion hingeben, dass die Güter, die wir konsumieren, einfach vom Schlitten des Weihnachtsmanns gefallen sind und nicht der Erde abgerungen wurden. Diese Illusion ermöglicht uns die Vorstellung, dass das Einzige, was wir entscheiden können, die Wahl zwischen verschiedenen Marken wäre.

Zurück zu Hause, wasche ich die letzten Krümel schwarzer Erde ab und kürze die langen weißen Wurzeln. Eine große Handvoll wilden Lauchs legen wir ungewaschen zur Seite. Die Mädchen hacken die schlanken Zehen und die Blätter, und zusammen mit einem wahrscheinlich überdimensionierten Stück Butter wandern sie alle in meine eiserne Lieblingspfanne. Der Duft nach sautiertem Lauch durchdringt die Küche. Allein schon ihn einzuatmen, ist Medizin. Die beißende Schärfe verzieht sich schnell, und der Duft, der bleibt, ist voll und kräftig, mit einem Hauch Kompost und Regenwasser. Kartoffel-Lauch-Suppe, Lauch-Risotto oder einfach eine Schüssel wilden Lauchs sind Nahrung für Körper und Seele. Ich freue mich, dass meine Töchter, wenn sie am Sonntag wieder abreisen, von einem Stück Wald ihrer Kindheit begleitet werden.

Nach dem Essen nehme ich den Korb mit ungewaschenem wildem Lauch zu dem winzigen Waldstück oberhalb meines Teichs und pflanze ihn ein. Jetzt wird die Ernte zu ihrem Gegenstück. Ich bitte um Erlaubnis, die Zwiebeln hierherzubringen, die Erde zu öffnen, um sie zu empfangen. Ich suche die gut durchfeuchteten Mulden und drücke sie in den Boden, leere meinen Korb, statt ihn zu füllen. Dieser Wald ist schon ein- oder zweimal gerodet worden, er ist ein Sekundärwald und hat seinen wilden Lauch schon vor langer Zeit eingebüßt. In den Wäldern, die hier nach der landwirtschaftlichen Nutzung nachwachsen, kommen die Bäume gerne wieder, nicht aber der Unterwuchs.

Aus der Ferne sehen die neuen post-landwirtschaftlichen Wälder gesund aus; die Bäume sind wieder dick und stark. Doch in ihnen fehlt etwas. Im Aprilregen wachsen keine Tellerkräuter. Keine Waldlilien, kein Maiapfel, keine Blutwurz. Noch nach hundert Jahren ist der post-landwirtschaftliche Sekundärwald verarmt, während unbehelligte Wälder gleich hinter dem Wall zu einem Blütenmeer explodieren. Die Heilkräuter fehlen, warum, wissen Botaniker noch nicht. Vielleicht ist es das Mikrohabitat, vielleicht die Samenverbreitung; klar ist jedenfalls, dass der ursprüngliche Lebensraum für diese alten Heilkräuter in einer Kaskade ungewollter Folgen verloren ging, als das Land für den Mais umgenutzt wurde. Das Land beherbergt keine Heilkräuter mehr, und wir wissen nicht, warum.

Die Himmelsfrau-Wälder auf der anderen Seite des Tals wurden nie umgepflügt, sie stehen also noch in vollem Glanz, aber den meisten anderen Wäldern fehlt der Waldboden. Wälder voller wildem Lauch sind eine Seltenheit geworden. Würde man ihn allein der Zeit und dem Schicksal überlassen, würde mein Sekundärwald wahrscheinlich nie wieder wilden Lauch oder Waldlilien enthalten. Daher sehe ich es als meine Aufgabe an, ihn über den Wall zu tragen. Mit den Jahren hat diese Bepflanzung an meinem Hügel schon kleine Flecken pulsierendes Grün im April hervorgebracht, und in mir keimt die Hoffnung, dass der wilde Lauch nach Hause zurückkehren kann und dass ich als alte Dame ein Frühlingsfestmahl in Reichweite habe. Er gibt mir, ich gebe ihm. Die Reziprozität ist eine Investition in die Fülle, für den Esser und den Gegessenen.

Wir brauchen die Ehrenhafte Ernte heutzutage. Doch wie wilder Lauch und Marder ist sie eine gefährdete Art, die in einer anderen Landschaft entstanden ist, einer anderen Zeit, aus einem Erbe traditionellen Wissens heraus. Die Ethik der Reziprozität wurde mit den Wäldern gerodet, die Schönheit der Gerechtigkeit für mehr Krimskrams eingetauscht. Wir haben eine kulturelle und ökonomische Landschaft erschaffen, die weder wilden Lauch noch Ehre beherbergt. Wenn die Erde nichts weiter ist als unbelebte Materie, wenn Leben nichts anderes ist als Ware, dann ist auch die Tradition der Ehrenhaften Ernte tot. Doch wenn wir im furiosen Frühlingswald stehen, wissen wir es besser.

Es ist der Ruf der belebten Erde, der uns auffordert, Marder zu füttern und Reis zu küssen. Wilder Lauch und wildes Denken sind in Gefahr. Wir müssen beide umpflanzen und ihre Rückkehr ins Land ihrer Geburt fördern. Wir müssen sie über den Wall tragen, die Ehrenhafte Ernte wiederbeleben, die Medizin zurückbringen.

ROBIN WALL KIMMERER ist Pflanzenökologin, Professorin für Umweltwissenschaften und Mitglied der Citizen Potawatomi Nation. Zudem leitet sie das Center for Native Peoples and the Environment, das Programme entwickelt, die die Weisheit sowohl indigener als auch wissenschaftlicher Erkenntnisse für das gemeinsame Ziel der Nachhaltigkeit nutzbar machen. Im Jahr 2022 wurde sie zum MacArthur Fellow ernannt. Ihr 2013 erschienenes Buch »Geflochtenes Süßgras« steht seit Jahren auf der New-York-Times-Bestsellerliste. Auch die 2021 bei Aufbau erschienene deutsche Ausgabe wurde zum Best- und Longseller. Kimmerer lebt auf einer alten Farm im Hinterland von New York und pflegt sowohl kultivierte als auch wilde Gärten.

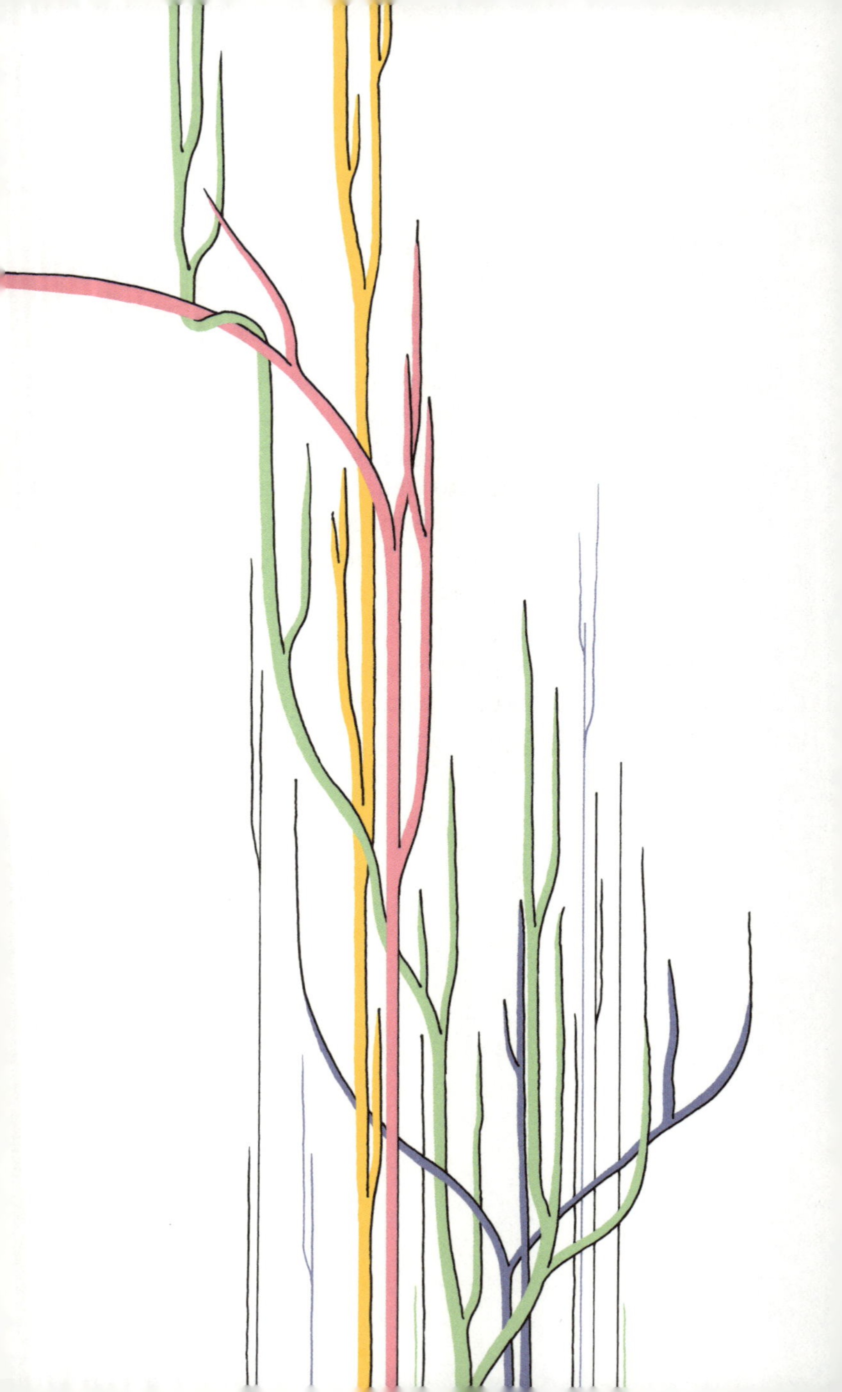

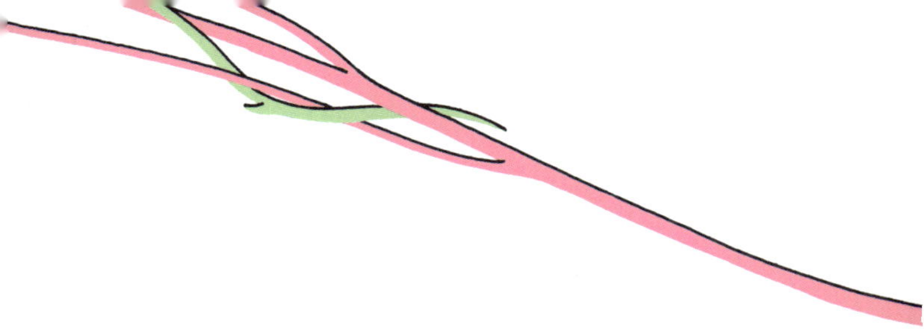

Die Kapitel des Buchs entstammen der Originalausgabe
Braiding Sweetgrass
erschienen 2013 bei Milkweed Editions, Minneapolis.

MIX
Papier | Fördert gute Waldnutzung
FSC® C014889

ISBN 978-3-351-04235-6

Aufbau ist eine Marke der Aufbau Verlage GmbH & Co. KG

1. Auflage 2024

www.aufbau-verlage.de
10969 Berlin, Prinzenstraße 85

Gesamtgestaltung Hanna Zeckau
Druck und Binden Druckerei F. Pustet, Regensburg, Germany

Printed in Germany